Unsere kleine Reihe 03
Fachwissen kompakt

Cornelia Weidenauer

Voller Vertrauen

Das ABC für einen respektvollen Umgang zwischen Pferd & Mensch

- Für ein sicheres und harmonisches Miteinander
- Das 1x1 einer vertrauensvollen Kommunikation

Fachwissen kompakt
Unsere kleine Reihe
Empfohlen für Ausbilder und ihre Schüler

evipo VERLAG

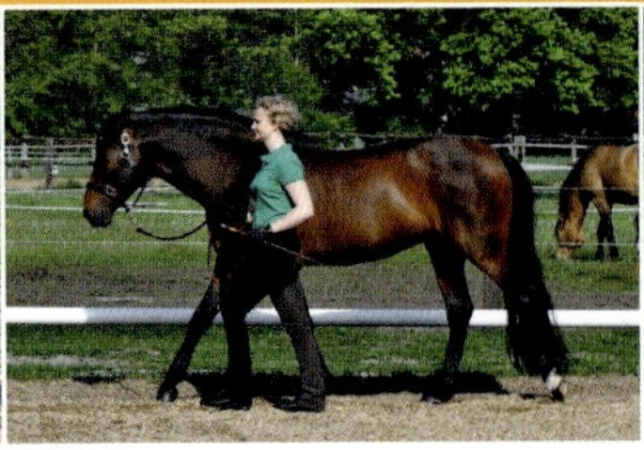

Vorwort *von Nicole Künzel*

Eine „wahrhaftige" Kommunikation zwischen zwei Lebewesen entsteht für mich in dem Augenblick, in dem man seinem Gegenüber wirklich zuhört, seine Individualität mit all seinen Wünschen, Eigenarten und seinem Wesen so akzeptiert wie sie ist. Auf dieser Basis entwickelt sich ein Gespräch, ein Dialog, ein Austausch, bei dem jeder einen kleinen Teil seiner eigenen Welt dem anderen offenbart, sie ihm also ein Stück weit öffnet und mit ihm teilt.

Die Basis dafür, dass überhaupt eine Kommunikation stattfinden kann, ist eine gemeinsame Sprache, diese kann verbal oder nonverbal sein. Dadurch ist es unserem Gesprächspartner möglich (Körper-)Signale deuten zu können. Als Fluchttier entgeht dem Pferd keine noch so kleine Regung seines Gegenübers. Durch seine feine Beobachtungsgabe nimmt das Pferd jede kleine Veränderung in Gestik, Mimik, der Stimmungslage oder in den körperlichen Reaktionen seines Menschen wahr. Pferde spüren unseren Herzschlag, eine tiefe gleichmäßige Atmung und sie schätzen ruhige, klare und bewusste Körperbewegungen sowie eine von Herzen kommende aufrichtige und liebevolle Intention.

Kommunikationsprobleme zwischen Pferd und Mensch resultieren meiner Ansicht nach oft daraus, dass sich zwei unterschiedliche Individuen, welche verschiedenen Spezies angehören, einfach nicht verstehen, infolgedessen entstehen Ärger, Frustration, Angst, Hilflosigkeit oder Resignation.

In meiner täglichen Praxis als Ausbilderin begegnen mir viele Menschen, die sich nach einer vertrauensvollen Partnerschaft und einer Verständigungsebene sehnen, auf der sie ihrem Pferd ohne Gewalteinwirkung und Zwang erklären können, was genau sie sich wünschen.

Conny Weidenauer ist es in diesem Buch gelungen, dem Leser Schritt für Schritt Wege aufzuzeigen, die zu einer besseren Verständigung zwischen Pferd und Mensch führen, sodass Missverständnisse gar nicht erst entstehen.

Ich freue mich sehr, dass dieses Werk eines der ersten Bücher ist, die in unserem Verlag erscheinen und bin ebenso glück-

lich, dass Conny Weidenauer dieses für jeden Pferdemenschen so wertvolle Buch geschrieben hat. Conny ist für mich eine Ausbilderin, die in ihrer Kommunikation mit Pferd und Mensch immer wieder eine gute Balance zwischen Freude und Fachkompetenz, zwischen Verständnis und Klarheit findet. Ob junge oder traumatisierte Pferde, Pferde mit ganz alltäglichen oder schwerwiegenden Problemen, ob mehr oder weniger anspruchsvolle Menschenpersönlichkeiten – Conny findet durch ihre ehrliche und von ganzem Herzen offene Art einen Weg zu ihnen. Es ist großartig für mich, diese Gabe zu beobachten und mir geht jedes Mal das Herz auf, wenn ich sehe, wie sich ihr Gegenüber in dieser Energie wohlfühlt, ihr vertraut und all seine Ängste und Sorgen fallenlassen kann. Ich freue mich, Conny, dass du mit diesem Buch auch uns Ausbildern einen Leitfaden in die Hand gegeben hast, den wir an unsere Schüler weitergeben können!

Mögen sich deine wundervolle Arbeit und dieses Buch weit verbreiten und Freundschaft sowie eine Ebene voller Respekt zwischen Pferd und Mensch in die Welt hinaustragen! Es ist schön, dass es Ausbilder und Menschen wie dich gibt!

Einleitung

Erziehung ist Kommunikation

Die Geschichte von Anja und Juri

In einem Sommer traf ich Anja und Juri. Anja hatte erst vor kurzem, ermutigt durch ihre Kinder, zu reiten begonnen. In der Reitschule bekam sie Juri zugewiesen, einen ausdrucks- und bewegungsstarken Norweger. Im Dressur-Unterricht war er vor allem bei den erfahreneren Reitern beliebt. Im Umgang mit den Reitanfängern zeigte er jedoch eine andere Seite und so mancher ließ sich von seinen Drohgebärden beim Longieren, Putzen oder Satteln einschüchtern, so auch Anja. Mit ihr hatte sich die Situation bereits verfahren und Anja zweifelte daran, dass man als Erwachsener noch reiten lernen könne.

Das erste, was die beiden lernten, waren der Unterschied und das klare Bestimmen von Abstand und Nähe. Mithilfe von rückwärts und seitwärts weichenden Übungen wurde Juri auf Distanz gebracht und Anja konnte endlich durchatmen. Ich erinnere mich gern an diese ersten, sehr emotionalen Stunden. Die beiden fanden eine neue Klarheit und entwickelten ein gemeinsames Zeichensortiment für rückwärts, vorwärts, links und rechts. Anja stellte bald fest, dass sich ihr Schulpferd im dauernden Protest befand. Sie sagte damals, es sei, als ob er gegen alles revoltiere, was sie sage. Also versuchten wir gemeinsam herauszufinden, was dahinter steckte. Wir hatten ihn in der Herde beobachtet, wussten, dass er ranghoch und dominant war. Im Umgang mit dem Menschen schien er jedoch nicht nur stark zu sein – da war auch eine Art Unsicherheit bei allem Neuen. Wir mischten daraufhin unsere Einheiten mit Dingen, die er schon kannte, die ihm Spaß machten und hielten alles Neue kurz, sinnvoll und erfolgreich für das Pferd. Als wir beispielsweise das Longieren wieder zu erarbeiten begannen, übten wir zuerst das Losschicken, belohnten dann eine Viertelrunde auf dem Zirkel durch eine Pause, dann eine halbe Runde, schließlich eine ganze Runde und so weiter. Juris Lerneifer stieg, seine Ohren blieben immer häufiger freundlich gespitzt. Die Verdrossenheit wich langsam

Heute sind Anja und Juri beste Freunde geworden – aber das hat eine ganze Weile gedauert!

– und zwar auf beiden Seiten. Diese Erfahrung hat in mir den Wunsch geweckt, auch anderen Menschen helfen zu wollen, die das Reiten und die Pferde aus Verzweiflung aufgeben möchten, weil sie einfach nicht zu einem positiven Miteinander finden. Die Ideen für eine erfolgreiche Kommunikation sind nun in diesem Buch für Sie zusammengefasst und aufgeschrieben. Es würde mich glücklich machen, wenn auch Sie in diesem Leitfaden Tipps finden, die Ihnen helfen, eine wahre Freundschaft und ehrliche Partnerschaft mit Ihrem Pferd zu entwickeln.

Wie die Geschichte von Anja und Juri weiter ging, erfahren Sie am Ende des Buches. Die Quer-Leser und Neugierigen können also gleich dorthin blättern, die Stück-für-Stück-Leser können zuerst Philosophie und Übungen lesen und sich die Geschichte bis zum Schluss aufheben.

Nun viel Spaß beim Lesen und Entdecken!

Ihre Cornelia Weidenauer

Eine gemeinsame Basis schaffen

Das Pferd scheint uns als „Haustier" so vertraut und hat doch viele Eigenschaften, die uns nicht bewusst sind. Das Wissen um die Bedürfnisse und Handlungshintergründe eines Pferdes verändert unsere innere Haltung und beeinflusst unser Handeln positiv.

Wer regelmäßig mit Pferden umgeht, weiß, dass in unserem Alltag immer wieder kleine oder größere Schwierigkeiten und Kommunikationsprobleme auftreten können. Manchmal nehmen wir diese jedoch gar nicht wahr, da sie uns Menschen unbedeutend erscheinen – und dann ist uns unverständlich, warum plötzlich eine Sache, die gestern noch mit unserem Pferd funktionierte, heute überhaupt nicht mehr klappt. Manchmal sehen wir auch über Schwierigkeiten hinweg, arbeiten darum herum. Das kann das Vorbeireiten an den Mülltonnen betreffen – dann nehmen wir in Zukunft einen anderen Weg – oder das Spritzen durch den Tierarzt, was vielleicht eines Tages lebenswichtig werden könnte.

Völlig unabhängig von der jeweiligen Reitweise, können wir Pferde und ihre Menschen beobachten, die scheinbar keine Schwierigkeiten miteinander haben. Nun gibt es sicher sehr genügsame und friedliche Pferde, die Fehler des Menschen nicht übelnehmen, sodass der Charakter des Pferdes für eine gelungene Kommunikation eine große Rolle spielt, aber oft geschieht hier noch etwas ganz anderes, zunächst Unsichtbares. Das Geheimnis der sorglos wirkenden Pferdemenschen ist ihre Einstellung. Sie nehmen die Situation wie sie ist und sind offen dafür, daraus zu lernen. Wenn Sie eine schwierige Situation in dieser Weise meistern, stärkt und festigt dies die Beziehung zu Ihrem Pferd enorm und Sie werden sehen, dass jedes zukünftige Problem leichter zu lösen sein wird, bis am Ende wirklich fast nur noch die „Gedankenübertragung" reicht.

Reitweisen-übergreifend gibt es ein grundsätzliches Bestreben des Menschen nach Partnerschaft, Durchlässigkeit und Respekt des Pferdes ihm gegenüber. Aber Pferde zu lieben, mit ihnen täglich umzugehen und ihre Freundschaft und Kooperation zu wünschen, erfordert auch – und vor allem – Arbeit an uns selbst, um sie in ihrem Wesen zu verstehen und ihre Bedürfnisse zu kennen. Nur so können wir ihr Verhalten zu deuten lernen und angemessen reagieren, um Grundvertrauen und Partnerschaft zu erreichen. Wir können mit dem Pferd eine gemeinsame Sprache finden, in der die Eckpfeiler der Kommunikation zwischen unseren beiden, doch sehr verschiedenen Spezies, verankert werden. Dann ist beiden klar, wann was gefragt ist. Das Pferd versteht, wann und wohin es weichen soll, und wann nicht. Es fürchtet sich nicht vor verwendeten Materialien oder Gegenständen und es folgt dem Menschen vertrauensvoll durch schwierige Situationen. Ist diese Sprache etabliert, macht jedwede Spezialisierung Freude, weil man sich versteht und einander vertraut.

Zwei Spezies finden eine gemeinsame Sprache

Pferd und Mensch gehören unterschiedlichen Arten an. Sie unterscheiden sich nicht nur durch ihre Physis, sondern auch dadurch, wie sie die Welt sehen. Für das Fluchttier Pferd ist es nicht natürlich, sich dem Menschen, der in seinem oftmals direkten und unmittelbaren Verhalten schnell aggressiv wirkt, anzuschließen, geschweige denn, ihn auf seinem Rücken zu dulden. Der Mensch wird immer Mensch bleiben, aber er kann mithilfe seines Verstandes lernen, sich in einer für das Pferd natürlichen Weise zu verhalten. Er kann lernen, die Sprache der Pferde zu lesen sowie in ihr zu „sprechen". Dies ermöglicht es den Pferden, sich uns vertrauensvoll anzuschließen und es ist für uns die Chance, diese wunderbaren Vierbeiner als Freunde für uns zu gewinnen.

In einer Herde mit Artgenossen unterschiedlichen Alters fühlen sich Pferde wohl und geborgen. Sie können hier auch enge Freundschaften entwickeln.

Ein erster Schritt im Erarbeiten einer gemeinsamen Sprache, besteht darin, sich umfangreiches Wissen rund um den geliebten Vierbeiner anzueignen. Was sind Pferde für Tiere? Welche Bedürfnisse haben sie und wie kann man diese angemessen in unserer heutigen Welt erfüllen?

Das Glück der Pferde

Das Pferd hat als Fluchttier vor allem das Bedürfnis nach Sicherheit und Ruhe oder Entspannung. Als Herdentier braucht es außerdem die Gesellschaft seiner Artgenossen, sozialen Kontakt, gegenseitige Fellpflege, Spiel sowie Nahrung und Wasser. Werfen wir einen genauen Blick auf diese für das Pferd wesentlichen Bedürfnisse.

Sicherheit und Überleben

Als Fluchttier ist das Pferd ein geborener Sprinter: Aus beinahe jeder Lage heraus kann es sofort im schnellsten Tempo galoppieren. Die Anatomie des Pferdes, seine Physiologie, das System seiner Blutgefäße und Nerven und das gesamte Verhalten sind darauf ausgerichtet, das Überleben durch schnelles Rennen zu sichern.

Es nimmt die Umgebung über seine scharf ausgeprägten Sinne wahr, die denen des Menschen entsprechen, jedoch anders und teilweise weitaus besser ausgebildet sind. Das Pferd kann beispielsweise seine Ohren mit Hilfe vieler Muskeln in alle Richtungen bewegen und so rundum Ge-

> »Die größte Schwierigkeit des Ausbilders besteht mit Sicherheit darin, dem Pferd zu verdeutlichen, dass wir Menschen keine Raubtiere sind.«
>
> Audrey Hasta Luego

räusche wahrnehmen. Ist das Gehör eingeschränkt, ist ein für das Pferd als Fluchttier überlebenswichtiger Sinn betroffen. Werden Geräusche beispielsweise durch den Wind verzerrt, verstärkt oder geschwächt, können sich Pferde nicht mehr auf ihren Gehörsinn verlassen und reagieren nervös.

Pferde sind in der Lage, Ultraschallfrequenzen zu hören und können die Ohren getrennt voneinander in verschiedene Richtungen drehen, sodass Geräusche differenziert wahrgenommen werden.

Pferde sehen völlig anders als Menschen. Ihre Augen liegen, wie bei den meisten Fluchttieren, seitlich am Kopf und ermöglichen eine überwiegend monokulare Sicht, das bedeutet, dass das Pferd meistens zwei Bilder sieht, eines je Auge. Nur wenn es den Blick geradeaus richtet, hat es in einem Gesichtsfeld von etwa 60 Grad eine binokulare Sicht auf seine Umwelt, sieht also das gleiche Bild mit beiden Augen in einer Entfernung von circa zwei Metern scharf. Jedes Auge kann die Umwelt in einem Winkel von 215 Grad nach rechts und links, sowie bis zu 180 Grad nach oben und unten erfassen. Direkt hinter sowie direkt vor dem Pferd befinden sich sogenannte tote Winkel, in denen es nichts sehen kann. Dies erklärt unter anderem die Angst des Pferdes zu springen oder rückwärts auf Objekte zuzugehen, denn dabei geht es förmlich ins Leere.

Das Pferd reagiert äußerst schnell auf die Informationen, die es durch seine Sinnesorgane erhält. Um sein Überleben zu sichern, lernt das Pferd aus all seinen Erfahrungen: positiven wie negativen. Sein Erinnerungsvermögen ist beachtlich. Ein traumatisches Erlebnis kann unter Umständen ein Leben lang jederzeit wieder durch einen auslösenden Faktor, der an das Geschehen erinnert, ein ängstliches oder abwehrendes Verhalten hervorrufen.

In einer Herde bieten viele Augen und Ohren Schutz vor Feinden. Diese Koniks leben auf Fehmarn unter der Betreuung des NABU Wallnau.

Ich brauche eine Pause – und meine Freunde!

Wer sich so wachsam vor Feinden schützen muss, ist froh über Momente der Ruhe und der Entspannung. Pferde genießen deshalb eine ruhige und friedvolle Atmosphäre. Lässt man ihnen genügend Ruhe-Zeit, ist für ihr Wohlbefinden ein großer Teil getan. Daher arbeiten viele Ausbilder auch mit der Pause als Belohnung – weil Pferde schnell zu verbinden lernen, dass sie in dem Moment Ruhe vor einer Aufforderung haben, wenn sie dieser rasch nachkommen. Ein Pferd reagiert sehr rasch und sensibel auf verschiedene Reize, kann aber ebenso schnell auf diese desensibilisiert werden. Mit dem Bedürfnis nach Ruhe geht einher, dass Pferde lernen zu filtern, welche Reize aus der Umgebung wichtig und welche unwichtig sind. Erst dadurch finden sie selbst immer wieder Zeiten der Entspannung. Hätten Pferde diese Eigenschaft nicht, würden sie nie Zeit zum Fressen, Trinken, Schlafen oder Spielen finden.

Ebenso wichtig wie das Bedürfnis nach Ruhe ist der Kontakt zu Artgenossen. Das gemeinsame Spiel, der soziale Kontakt und die Gesellschaft sind für das Pferd als Herdentier unentbehrlich. In Herden oder Rudeln gibt es eine Hierarchie, eine Ordnung von Autorität. In jedem Moment, in dem wir mit unserem Pferd zusammen sind, bilden auch wir eine kleine Herde und müssen uns dessen bewusst sein, dass das Pferd uns im Laufe des Alltags im Hinblick auf unsere Qualitäten als Anführer auf die Probe stellt. Oftmals geschieht dies in Situationen, die uns unbedeutend erscheinen.

Wie Sie Ihr Pferd motivieren können

Es ist unsere Aufgabe, die Zeit mit dem Pferd angenehm und sinnvoll zu gestalten. Wenn es Freude an der gemeinsamen Arbeit hat, wenn es sich geschätzt und bestätigt fühlt, wird es engagiert die von uns gestellten Aufgaben erfüllen.

Jedes Lebewesen lässt sich durch unterschiedliche Arten motivieren, man muss nur die richtige herausfinden! Allgemein unterscheidet man zwischen vier Herangehensweisen: positive und negative Verstärkung sowie positive und negative Strafe. Wie Sie Ihr Pferd zu einem spezifischen Verhalten motivieren, hängt vor allem vom Charakter Ihres Pferdes und der jeweiligen Situation ab.

Von positiver Verstärkung spricht man, wenn mit dem gewünschten Verhalten eine angenehme Konsequenz, zum Beispiel eine Belohnung verknüpft wird – beim Pferd kann dies Futter, eine Pause, das Lob mit der Stimme oder ein Streicheln sein.

Negative Verstärkung meint das Entfernen eines unangenehmen Reizes. Ein gutes Beispiel aus dem Pferdealltag ist das Fliegenspray. Pferden, die Angst vor dem Strahl aus der Sprühflasche haben, kann man die Angst nehmen, indem man ihnen beibringt, dass das Sprühen aufhört, sobald sie stehen bleiben oder sich entspannen.

Bei einer positiven Strafe wird ein unangenehmer Reiz hinzugefügt. Umgangssprachlich würde man von einer Bestrafung sprechen. Reagiert das Pferd nicht auf die Schenkelhilfe, wird eine Gerte hinzugenommen.

Von einer negativen Strafe spricht man, wenn etwas Angenehmes vorenthalten oder entfernt wird. Beispielsweise kann ein angebundenes Pferd, das durch Scharren oder Wiehern nach Aufmerksamkeit verlangt, lernen, dass es das positive Erlebnis – die Aufmerksamkeit – erst bekommt, wenn es Ruhe gibt und aufhört zu scharren oder zu wiehern.

Leichtigkeit und Dynamik – eine Frage der Motivation

Leichtigkeit und dynamische Bewegungen sind das, was sich die meisten Besitzer, Reiter oder Ausbilder mit und auf dem Pferd wünschen. Das Pferd ist ein natürlicher Athlet, der uns fasziniert. Ein motiviertes Pferd wird sich gern freiwillig mit dieser Energie und Kraft für seinen Menschen bewegen. Motivation entsteht,

Ein motiviertes Pferd bewegt sich mit Leichtigkeit für seinen Menschen. Hat man sein Herz gewonnen, werden die Füße folgen.

Konzentriert und mit Freude bei der Sache

von Franziska und Andreas Becker (Freizeitreiterin / Bereiter)

Als Ausbilder begegnen mir verschiedenste Pferdetypen mit unterschiedlichem Temperament. Für mich besteht die wesentliche Aufgabe eines verantwortungsvollen Reiters darin, seine eigene Energie und die des Pferdes in Einklang zu bringen. Gerade in der Ausbildung junger Pferde kann es vorkommen, dass das selbstgesetzte Trainingsziel für die Reitstunde durch Übermut des Pferdes erst einmal hinten angestellt werden muss. Zuerst gilt es, die Losgelassenheit zu erarbeiten, indem das Pferd vertrauensvoll und kontrolliert überschüssige Energie abbauen kann. Als Reiter und auch als Ausbilder muss ich dies erkennen und dem Pferd ermöglichen. Anderenfalls kann es sich wie ein roter Faden durch die gesamte Reitstunde ziehen und den Reiter selbst negativ beeinflussen. Schaffe ich es jeden Tag, mich in mein Pferd hineinzufühlen und mich darauf einzustellen, so erhalte ich die wichtigsten Dinge beim Reiten: Motivation und Freude meines Pferdes!

wenn es sich für das Pferd lohnt, wenn es Sicherheit, Freude und Partnerschaft spüren kann. Diese Sicherheit kann der Mensch dem Pferd durch klare Regeln, Fairness und Verlässlichkeit geben. Die Freude in der gemeinsamen Arbeit reift aus der richtigen Belohnung zum richtigen Zeitpunkt, dem fairen Umgang, dem Sich-die-Waage halten von Verlässlichkeit und spannender Abwechslung. Gewinnt man das Herz des Pferdes, werden die Füße folgen – hat man dies erreicht, entstehen Partnerschaft, Motivation und Liebe, die sich in einem harmonischen Bewegungsablauf und einem feinfühligen Pferd äußern, das sicher und schnell auf die Hilfen seines Menschen reagiert.

Gegenseitiger Respekt

Die Übungen in diesem Leitfaden sind zum größten Teil darauf ausgerichtet, dass Sie Ihr Pferd bewegen können – wann, wohin und so viel Sie wünschen. Es ist allerdings nicht beabsichtigt, dem Leser ein Werkzeug der Diktatur an die Hand

> »Die Individualität eines Pferdes darf bei der Ausbildung nie aus den Augen verloren werden.«
>
> Isabell Werth

zu geben. Achten Sie darauf, dass Bewegungen nicht befohlen werden – und Sie dann erwarten, dass das Pferd Ihre Wünsche auszuführen hat. Wenn eine Strategie auf Dauer nicht zum Erfolg führt, probieren Sie eine andere Herangehensweise aus. Ihr Pferd stellt Fragen und versucht, die Lösung zu finden. Pferde tun nichts um uns zu ärgern, sondern sie reagieren nur gemäß ihrem Wissensstand. Ein „falsches" Verhalten des Pferdes persönlich zu nehmen und das Pferd dann mit Missachtung, Flüchen oder Schlägen zu strafen, blockiert die Lernsituation für beide.

Es soll vielmehr um Respekt gehen – und zwar von beiden Seiten. Das Pferd empfinden wir als respektvoll, wenn es uns zuhört, nicht auf unsere Füße tritt und reagiert, wenn wir etwas fragen – und das, in Bezug auf unsere Maßstäbe, möglichst richtig. Dann wird es für uns zu einem Freund, mit dem wir gern Zeit verbringen, denn es scheint uns gehorsam und brav zu sein. Wir erheben uns mit dieser

Aber bitte nicht persönlich!

Versuchen Sie, jede Situation in der etwas nicht wie erwartet funktioniert als Herausforderung zu sehen und ihr mit einer offenen Einstellung zu begegnen: „Was kann ich tun, damit es besser klappt?" Wenn eine Strategie auf Dauer nicht zum Erfolg führt, probieren Sie eine andere Herangehensweise aus und achten Sie genau auf das Feedback von Ihrem Pferd, es zeigt Ihnen immer an, warum es nicht so reagiert, wie Sie das erwarten. Es stellt Fragen und versucht die Lösung zu finden. Pferde tun nichts, um uns zu ärgern, sondern sie reagieren nur gemäß ihrem Wissensstand.

„Danke!" Ob durch eine Belohnung in Form eines Leckerlis, einer Krauleinheit oder einer Pause. Zeigen Sie Ihrem Pferd, dass Sie es wertschätzen, genauso, wie es ist!

Einstellung jedoch über das Pferd, gehen davon aus, dass wir dem Pferd etwas beibringen, dass wir „wertvoller" sind als das Tier.

Wir sollten uns allerdings bewusst machen, was wir selbst alles lernen müssen, um ein guter Partner für unser Pferd zu werden: Wir müssen das Pferd als Wesen mit seinen individuellen Vorlieben kennenlernen, seine Bedürfnisse verstehen, unsere Emotionen im Griff haben, bewusst handeln und immer bereit sein, vom Pferd neue Anregungen und Ideen anzunehmen.

Wo und Wie? Signale und Hilfen

Eine erfolgreiche Pferd-Mensch-Kommunikation stützt sich auf Signale und Hilfen, die von beiden verstanden werden. Verstehen sorgt für Vertrauen – das führt zu einer guten Partnerschaft.

Eine Sprache mit dem Pferd entwickeln wir durch den Einsatz von Hilfen, verlässlichen Signalen, die wir mit unserem Körper, unseren Händen, Hilfsmitteln und mit unserer Stimme geben. In den meisten Situationen soll das Pferd auf unsere Hilfen weichen oder wird durch sie begrenzt. Im Kapitel *Das kleine 1x1 der Kommunikation* wird direkt am Beispiel ausführlicher auf die Hilfengebung für die Bodenarbeit eingegangen. Die Reiterhilfen sind in bekannter Fachliteratur umfassend beschrieben, weshalb an dieser Stelle nicht weiter vertiefend darauf eingegangen werden soll. Um unsere Körpersprache zu verstärken, stehen uns verschiedene Hilfsmittel zur Verfügung.

Die Hilfsmittel unterstützten und verdeutlichen unsere Signale. Ihr Einsatz darf allerdings nie Schmerz oder Angst beim Pferd hervorrufen. Jedes Hilfsmittel kann differenziert und fein oder grob und angsteinflößend eingesetzt werden. Es kommt also auf die Hand an, die eben jenes führt. Auch sollten wir uns darüber im Klaren sein, ob wir gemeinsam mit dem Pferd etwas erarbeiten oder tatsächlich versuchen, es zu einem bestimmten Verhalten zu zwingen.

Die richtige Ausrüstung ist das A und O. Ein ausreichend langes Seil erlaubt das Arbeiten in verschiedenen Positionen.

Unser Ziel sollte es sein, möglichst fein und mit fast „unsichtbaren" Signalen mit dem Pferd zu kommunizieren. Schnell schleicht sich eine Routine im Einsatz der Hilfsmittel ein, bei der wir mehr Druck anwenden als wir müssten. Damit stumpfen wir das Pferd in Bezug auf unsere Hilfen ab und machen uns von unseren Hilfsmitteln abhängig. Es gilt also, stetig den Einsatz unserer Hilfen und Hilfsmittel kritisch zu überprüfen und gegebenenfalls zu optimieren.

Bewusst im Körper

Das Pferd nutzt in erster Linie seine Körpersprache um zu kommunizieren. Der Mensch hingegen kommuniziert vor allem verbal. Wir Menschen verfügen allerdings auch über uralte körpersprachliche Muster, deren wir uns nicht bewusst sind und die wir nicht oder kaum verbergen oder überspielen können, selbst wenn wir uns bewusst darum bemühen. Instinktiv erfassen wir unser Gegenüber durch solche Signale und erkennen seinen „Zustand". Gegenüber dem Pferd ist es wichtig, sich der Signale seines Körpers bewusst zu sein und sie auch, soweit möglich, bewusst einzusetzen.

Wir bringen nicht nur unseren Körper und unsere Gefühle mit in die Begegnung mit dem Pferd ein, sondern auch eine ganz individuelle Energie. Energie ist hier definiert als die Ausstrahlung dessen was wir sind – als ein Ganzes mit unseren

Gedanken, Haltungen und Gefühlen. Sie kann stark oder schwach, positiv oder negativ sein und wird durch verschiedene Faktoren beeinflusst. Energie ist ein wesentlicher Baustein und eine Voraussetzung für den Umgang mit dem Pferd. Der Mensch muss sein Energieniveau beeinflussen können, es beispielsweise anheben, wenn sich das Pferd bewegen oder schneller werden soll oder das Energieniveau durch ein tiefes Ein- und Ausatmen sowie ein Entspannen senken, wenn das

Steffi richtet sich auf und das Pferd weicht zurück ...

... sie holt „Hank" zu sich heran und ...

... ein Streicheln belohnt das Pferd für seine Reaktion.

Keine Spannung, kein Druck – Steffi macht sich ganz klein.

Kleine Übersicht: Unsere Körperhaltungen

Anforderung: Soll das Pferd verstehen, dass der Mensch eine Anforderung hat, muss er sich aufrichten und Spannung beziehungsweise mehr Energie in den eigenen Körper bringen. Was für den Reiter meist selbstverständlich ist, sollte auch am Boden gelten. Durch eine positive Grundspannung (nicht Verspannung) wird das Pferd den Unterschied zum entspannten Beisammensein klar erkennen. Bauen Sie die Energie ganz natürlich auf, zum Beispiel durch ein tiefes Einatmen.

Bewusst neutral sein: Üben Sie positive Neutralität und seien Sie einfach, ohne etwas zu verlangen oder ein bestimmtes Gefühl wie ein Lob zu äußern. Ein solch neutraler Zustand spielt in der Kommunikation mit dem Pferd eine große Rolle und wirkt vor allem belohnend, da das Pferd wahrnimmt, dass der Mensch nichts mehr fragt und nichts mehr verlangt und damit sein Bedürfnis nach Ruhe erfüllt.

Immer erst sich selbst überprüfen: Reagiert das Pferd anders als der Mensch erwartet, geht es beispielsweise rückwärts, ohne dass es gefragt wäre, gilt es, zunächst die eigene Körperspannung zu überprüfen und sie gegebenenfalls zu relativieren.

Positionierung beachten: Das Pferd wird auf die gleiche Gestik des Menschen sehr unterschiedlich reagieren, abhängig davon, wo er im Verhältnis zum Pferd steht. Signale, die im vorderen Bereich (Nase bis Schulter) gegeben werden, sorgen in der Regel für ein Zurückweichen des Pferdes oder ein Weichen der Vorhand. In Richtung der Rippen gegeben, folgt meistens ein Seitwärts-Weichen und je weiter hinten die Signale gegeben werden, desto mehr sorgen sie für ein Ausweichen der Hinterhand oder eine Vorwärts-Tendenz des Pferdes. Gelingt eine Übung nicht, kann durchaus die Positionierung zum Pferd eine entscheidende Veränderung bringen.

Pferd sich beruhigen, stehenbleiben oder sich ebenfalls entspannen soll.

Die Rangordnung unter den Pferden beinhaltet, dass sich der Stärkste meist am wenigsten bewegen muss. Arbeiten Sie mit Ihrem Pferd am Boden, zeigt sich schnell, wer sich klarer in dieser Rolle sieht – Pferd oder Mensch. Es gilt, dass sich das Pferd möglichst mehr bewegen sollte als der Mensch oder dass es sich zuerst bewegt. Selbst wenn das Pferd nicht in der gewünschten Weise reagiert, ist es wichtig, nicht zu versuchen, unbedingt wieder selbst in die richtige Position zu gelangen. Wollen Sie beispielsweise ein paar Schritte rückwärts erreichen, das Pferd weicht aber seitwärts aus, vermeiden Sie es, vor das Pferd zu laufen, um Ihre Ausgangsposition wieder herzustellen. Bleiben Sie am Platz und bringen Sie das Pferd zurück an seine ursprüngliche Position.

Durch eine klare Körpersprache sowie die richtige Positionierung des Körpers zum Pferd können viele Missverständnisse ausgeräumt werden.

Die Stimmhilfe

Eine wesentliche Hilfe sowohl für die Arbeit am Boden wie auch für das Reiten ist unsere Stimme. Sie kann vielfältig eingesetzt werden. Ermunternd, beruhigend oder lobend. Viele Menschen sprechen

Obwohl „Hokus Pokus" noch etwas skeptisch nach der Gerte schaut, kann ihn Conny mit ihrer Stimme sowie einer entspannten Körperhaltung beruhigen und am Platz halten.

mit ihrem Pferd allerdings so viel, dass sie ihren Körper ganz vergessen. Das Pferd folgt im Zweifelsfall aber eher den körperlichen Signalen als den stimmlichen Kommandos. Deshalb sollte man sich bewusst machen, wofür man die Stimme einsetzen möchte.

Ein Pferd kann sich durchaus Vokabeln merken und in einigen Fällen schaffen Worte Klarheit. Stimmhilfen erleichtern die Unterscheidung von Lektionen oder Kunststücken. Sie können außerdem

»Und vergessen Sie das Loben nicht!«

Nicole Künzel

helfen, das Einreiten oder Einfahren zu erleichtern, wenn das Pferd sie in ihrer Bedeutung schon kennt wie beispielsweise ein an der Longe geübtes, gedehntes „Haaaalt" zum Anhalten. Ein Lob oder Zwischenlob mit angenehmer Stimme („Richtig!" oder „Gut!") hilft dem Pferd herauszufinden, was wir von ihm möchten und motiviert während der Erarbeitung neuer Bewegungsabläufe. Damit ein gemeinsames Vokabular entstehen kann, achten Sie darauf, immer die gleichen Worte in möglichst genau derselben Stimmlage zu verwenden.

Auch ist die Stimme ein „Gefühlsbarometer", denn selbst ungewollt transportiert sie unsere Freude oder unseren Unmut. Um die Stimme in gewünschter Art einzusetzen, müssen wir Klarheit über unsere Gefühle erlangen, gegebenenfalls durchatmen, innehalten und das Gewünschte neu visualisieren, bevor wir unsere Stimme wirken lassen.

Die Hilfsmittel

Halfter

Ein Halfter ist das Mittel der Wahl bei der Bodenarbeit, denn wir verwenden es in den meisten alltäglichen Situationen: beim Führen, Putzen, Verladen, Spazieren gehen.

Meistens ist ein normales Stallhalfter Mensch und Pferd vertraut, der gefühlvolle Umgang damit sollte dennoch in einigen Fällen geübt und unter Umständen verbessert oder verfeinert werden. Achten Sie unbedingt auf eine gute Passform, damit nicht etwa eine Schnalle überm Auge hängt und schließen Sie es immer mit der Öffnungsmöglichkeit nach außen. Wird ein Knotenhalfter verwendet, ist Vorsicht geboten, wenn Sie im Umgang noch unerfahren sind: Es liegt locker am Pferdekopf, unter Zug übt es jedoch durch die Knoten an bestimmten Stellen Druck auf die empfindliche Haut und die Knochen des Pferdekopfes aus.

Mit einem mindestens drei Meter langen Strick lässt sich, wenn es die Situation erfordert, auch genügend Abstand zum Pferd einnehmen. Dabei geht es nicht nur um Sicherheit – Arbeiten auf Distanz erweitert das Kommunikationsrepertoire.

Führstrick

Ein Führstrick sollte eine Länge von drei bis vier Metern haben, um dem Pferd ein wenig Abstand zu erlauben, wenn es die Situation erfordert. Erschrickt das Pferd, kann man dadurch einen Sicherheitsabstand herstellen, ohne das Pferd loszulassen. Auch wenn Übungen in der Bewegung oder auf Distanz ausgeführt werden, hat sich ein etwas längeres Seil gut bewährt. Ein gutes Seil ist aus Yachtleine oder einem ähnlich hochwertigen Material gefertigt, sodass es leicht durch die Hände gleitet und das Übertragen feinster Bewegungen und Veränderungen ermöglicht.

Eine Regel gilt für jede Art von Seil oder Führstrick: Wickeln Sie sich niemals das Seil um die Hand, die Finger oder den Arm und stecken Sie niemals die Finger durch die Schlaufen, wenn Sie einen Knoten machen. Jedes noch so brave Pferd kann plötzlich erschrecken, den Kopf hochreißen und Sie dadurch ernsthaft verletzen.

Besonders für die Arbeit am Boden ist eine etwas längere Gerte von ungefähr 1,30 Meter oder eine Touchiergerte (1,50 Meter bis 1,70 Meter) empfehlenswert.

Gerte

Eine Gerte erleichtert vieles, wirkt sie doch wie eine Verlängerung unseres Armes. Sie kann allerdings deutlich feiner eingesetzt werden, wenn das Pferd mit ihr vertraut ist. Hat das Pferd Angst vor der Gerte, so wird kaum eine respektvolle, angstfreie Kommunikation möglich werden. Streichen Sie Ihr Pferd daher regelmäßig am ganzen Körper mit der Gerte ab.

Ein Touchieren, das punktgenaue kurze Berühren mit der Gerte, sollte vom Pferd als Aufforderung und Unterstützung aufgenommen und der Situation entsprechend dosiert werden. Die Gerte ist kein Hilfsmittel, um unseren Willen durchzudrücken und ihre Anwendung sollte in einer freundlichen, auf den Lernerfolg abzielenden Atmosphäre erfolgen.

Die Gerte für die Bodenarbeit sollte so lang sein, dass Sie, wenn Sie neben dem Pferd stehen, Vor- und Hinterhand des Pferdes erreichen und abstreichen können. Sie darf nicht zu beweglich sein oder gar nachschwingen, auch ist ein eher kurzer Schlag am Ende der Gerte empfehlenswert, um sie präzise einsetzen zu können.

Der Arbeitsplatz

Der „Arbeitsplatz" ist überall dort, wo sich Mensch und Pferd begegnen. Das kann der Reitplatz oder die Halle sein, aber auch die Weide, der Putzplatz oder die Box. Für das Trainieren neuer Bewegungsabläufe oder Lektionen sollte ein vertrauter Ort gewählt werden, sodass keine Ablenkungen auftreten. Eine Reithalle mit einer Bande oder ein befestigter Reitplatz mit einer sicheren Umzäunung eignen sich gut, geben Sicherheit und optische Begrenzung. Ein Roundpen oder Longierzirkel (in der Regel mit einem Durchmesser von circa 20 Metern) kann spezifische Situationen erleichtern, weil die Ausweichfläche des Pferdes räumlich begrenzt wird. Um die Gelenke und Hufe des Pferdes zu schützen, sollte der Reitplatzboden frei von Steinen sein. Es ist immer hilfreich, wenn am Reitplatz oder in der Halle verschiedene Gegenstände wie Stangen, Pylonen oder eine Plastikplane zur Verfügung stehen, um gemeinsame Übungen zu erweitern oder die Geschicklichkeit des Pferdes zu trainieren.

Denken Sie daran, dass die Kommunikation mit Ihrem Pferd nicht erst in der Halle oder auf dem Platz beginnt! Jede Minute, die wir mit dem Pferd oder in seiner Nähe verbringen, ist Teil unserer gemeinsamen Beziehung. Weigert sich das Pferd beim gemeinsamen Spaziergang durch eine Pfütze zu gehen, sollte dies direkt im Moment des Geschehens bearbeitet und das Problem gelöst werden.

»Es gibt Tage, an denen ich nach Hause komme, mich hinsetze und denke: Du meine Güte, was hab ich da nur wieder gemacht?! Wenn ich das schon denke, was soll dann erst das Pferd von mir denken?«

Karen Rohlf

Das kleine 1x1 der Kommunikation

Das Erreichen einer harmonischen Partnerschaft, die von gegenseitigem Respekt und Verständnis geprägt ist, sollte Ziel eines jeden Pferd-Mensch-Paares sein. Im Folgenden werden zehn Situationen vorgestellt, die im täglichen Umgang mit dem Pferd vorkommen und für die Beziehung, die Rangordnung und die Kommunikation von entscheidender Bedeutung sind. Schärfen Sie Ihre Sinne für die Kleinigkeiten!

Sicherheit steht immer an erster Stelle

Sicherheit für Mensch und Pferd sollte bei jedwedem Umgang mit einem so großen und beweglichen Tier immer an erster Stelle stehen. Das Pferd kann ein wunderbarer Partner sein, entfesselt es aber seine Kraft in unkontrollierter Panik oder gar gegen den Menschen, kann es unter Umständen sehr gefährlich werden. Im Zweifelsfall gilt immer: Sicherheit geht vor!
Vermeiden Sie Situationen, die Sie, Ihr Pferd oder die Umwelt gefährden könnten. Kehren Sie wieder zu den einfachen Dingen in der Kommunikation zurück, wenn einmal eine bestimmte Übung nicht klappt.

1. Komm doch zu mir! Begegnung auf der Weide

Die Weide oder die Box ist das Zuhause des Pferdes, in dem es sich aufhält, wenn Sie nicht bei ihm sind. Es ist also an seinem Ort – und Sie stoßen dazu. Andersherum gedacht würden Sie sich sicher wünschen, dass ein Besucher bei Ihnen Zuhause nicht einfach hereinplatzt, sondern zuerst klingelt und erst auf Ihre Aufforderung hin Ihren Wohnraum betritt. Wenn Sie sich Ihrem Pferd nähern, beispielsweise auf der Weide, bewegen Sie sich nach Möglichkeit eher auf einer gebogenen Linie auf das Pferd zu, denn Pferde sind Fluchttiere und bevorzugen indirektes Handeln. Eine gerade Linie ist viel offensiver. Meist erregt bereits dieses Nähern in Schlangenlinien das Interesse des Pferdes. Verharren Sie in einigen Metern Entfernung, seitlich zum Pferd. Wendet sich das Pferd Ihnen zu, weichen Sie ein paar Schritte zurück oder wenden Sie den Blick ab. Bedenken Sie: Allein Ihre Präsenz übt einen gewissen Druck auf das Pferd aus, das Abwenden oder Rückwärtsgehen gibt dem Pferd sofort eine Rückmeldung durch das Nachlassen eben jenen Drucks. Für neugierige Pferde reicht meist schon dieser erste Annäherungsver-

„Einfangen über die Hinterhand": Um „Bigelow" von der Weide zu holen, geht Conny hier auf die Hinterhand zu.

Conny visiert die Hinterhand an, damit hat sie „Bigelows" Neugier geweckt, der sich nun nach ihr umdreht.

such, um sich zu drehen und dem Menschen nachzulaufen. Bei introvertierteren oder dominanteren Pferden ist meist ein wenig mehr Geduld gefragt. Zieht das Pferd das Gras vor, nähern Sie sich wieder ruhig und zurückhaltend von der Seite. Gehen Sie nicht zu nah ans Pferd, denn der Zweck dieser Übung ist es, dass sich das Pferd entscheidet, zu Ihnen zu kommen. Gegebenenfalls können Sie schnalzen, den Namen des Pferdes rufen oder den Führstrick in der Luft kreisen lassen. Sieht sich das Pferd zu Ihnen um, entspannen Sie sich sofort.

Nach ein paar Wiederholungen wird sich das Pferd Ihnen zuwenden. Gehen Sie dann ein paar Schritte rückwärts, langsam genug, sodass das Pferd Ihnen folgen kann. Bleiben Sie stehen, wenn das Pferd Sie bis auf eine Armlänge erreicht hat und streicheln Sie es. So haben Sie Ihr Pferd respektvoll behandelt und ihm in gewisser Weise die Entscheidung überlassen, zu Ihnen zu kommen. Allein Ihre Präsenz sorgt zwar für eine gewisse „Manipulation", aber Ihr Zurückweichen ermöglicht diese „freie" Entscheidung des Pferdes.

„Bigelow" hat jetzt seine Position verändert, sich bewegt und Conny lädt ihn durch eine freundliche und offene Körperhaltung dazu ein, zu ihr zu kommen. Ein Zurückziehen gibt dem Pferd Raum. Es wird dem Menschen nun folgen.

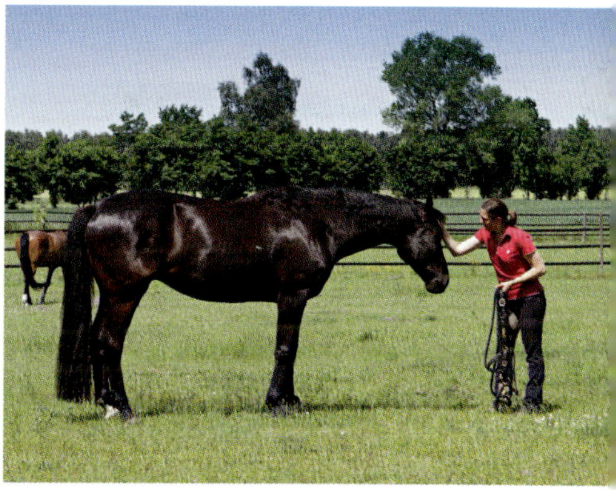

Geschafft! Eine ausführliche Streicheleinheit belohnt „Bigelow" für seine „richtige" und erwartete Reaktion.

2. Bist du nicht groß genug? Das Halfter anlegen und abnehmen

Kommt das Pferd wie in oben beschriebener Manier freiwillig zu Ihnen, positionieren Sie sich auf der linken Seite des Pferdes, streicheln Sie es oder belohnen Sie es mit einem Leckerli. Legen Sie gegebenenfalls den Strick über den Hals und führen Sie das Halfter so über die Nase, dass sie mit dem rechten Arm auf der rechten Seite des Pferdes bis an seine Ohren oder über den Kopf fassen können – wie eine Umarmung. Ist die Nase im Halfter, biegen Sie den Hals des Pferdes mithilfe des Halfters sanft in Ihre Richtung. Das Pferd wird dann im Hals nachgeben und Ihnen seine Nase zuwenden. So können Sie das Halfter sicher anlegen. Durch das weiche Hinwenden des Pferdes zum Menschen gewinnen und halten Sie die Aufmerksamkeit des Pferdes auf sich gerichtet und haben die Situation unter Kontrolle. Gehen Sie anders vor, so ist es ein Leichtes für das Pferd, den Kopf abzuwenden und gegebenenfalls wieder wegzulaufen oder bei einem Erschrecken wegzuspringen. Hier kann es schnell zu gefährlichen Situationen kommen, die

Achten Sie darauf, dass sich das Pferd zum Auf- und Abhalftern immer Ihnen zuwendet.

So wird ein Knotenhalfter richtig aufgezogen: Die rechte Hand greift oben über den Kopf des Pferdes, die linke streift das Halfter über die Nase.

vermeidbar sind. Üben Sie das Halftern ebenso in der Box und legen Sie Wert auf eine entspannte und sanfte Biegung des Halses – jeden Tag, jedes Mal, wenn Sie das Halfter anlegen oder abnehmen.

Beim Abnehmen des Halfters soll das Pferd wieder einen Moment innehalten, im Hals nachgeben. Streifen Sie dann das Halfter sanft über die Ohren und kontrollieren Sie das Nachgeben des Halses weiterhin über das Halfter an der Nase. Wenn Sie die Ruhe spüren und das Pferd im Hals nachgibt, ziehen Sie das Halfter vollständig ab. Wenn Sie bereits wissen, dass Ihr Pferd impulsiv ist und es kaum erwarten kann, auf der Weide zu toben, bleiben sie wachsam, denn es kann sehr gefährlich werden, wenn sich das Pferd plötzlich von Ihnen wegdreht und sich bockend Luft macht. Hier hat es sich auch bewährt, einem übermütigen oder stürmischen Pferd nach dem Abnehmen des Halfters noch ein Leckerli zu geben oder sogar etwas Futter in einer Schüssel zu reichen, damit es auf seine Belohnung wartet und Sie sich gefahrlos von der Futterschüssel entfernen können. Dies geht jedoch nur, wenn es keine große Herde ist, in der es dann zu Futterneid und Rangeleien kommen könnte.

Nun wird das Halfter auf die passende Größe eingestellt indem das obere Seil entsprechend weit durch die Schlaufe gezogen wird.

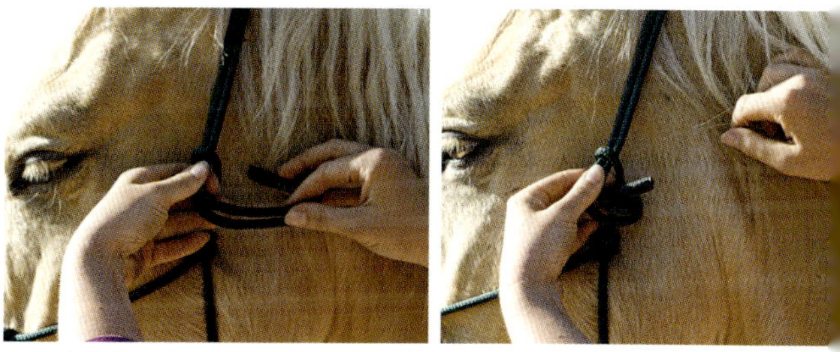

Anschließend verschließen Sie das Halfter mit einem Knoten wie hier abgebildet, der sich rasch wieder lösen lässt.

3. Beim Führen zeigt sich der wahre Meister!

Pferd und Mensch gehen gemeinsam, Seite an Seite, in ruhigem Tempo und mit respektvollem Vertrauen. So gesehen, ist das Führen eigentlich ein Moment der Harmonie ... Ein Blick in den Stallalltag zeigt, dass viele Pferde schneller oder langsamer gehen als ihre Menschen, unterwegs stehen bleiben, fressen oder losrennen möchten. Das Führen von mehreren Pferden, zum Beispiel auf dem Weg zur Weide, kann da schnell zur Gefahr werden.

Führen ist gemeinsame Beziehungszeit und -arbeit. Das Pferd sollte sich leicht steuern, anhalten und beschleunigen lassen – also durchlässig auf die vom Menschen gegebenen Hilfen reagieren. Führen kann, je nach Führposition, außerdem eine gute Vorbereitung auf das (An-)Reiten, Fahren oder die Arbeit an der Hand sein. Üben Sie das Führen mit Halfter, Strick und Gerte zunächst in der Reitbahn, damit die Umzäunung oder Bande das Pferd von außen begrenzt und ein Ausweichen der Hinterhand verhindert. Der Strick wird in der dem Pferd zugewandten Hand getragen. Wird eine Gerte verwendet, tragen Sie diese in der dem Pferd abgewandten Hand, um zeitnah nach vorn und hinten korrigieren, ermuntern oder bremsen zu können. Das Führen sollte immer von beiden Seiten trainiert werden – das macht Sie im täglichen Umgang unabhängig.

Wählen Sie eine Position aus, in der Sie das Pferd gern führen möchten. Es bekommt damit einen Platz zugewiesen, an dem es bleiben soll – egal ob Sie Ihren Schritt verlangsamen, beschleunigen oder ob Sie stehen bleiben möchten. Zum Angehen atmen Sie ein, richten sich auf und nehmen einen klaren Fokus in die Bewegungsrichtung auf. Gehen Sie dann gemeinsam mit dem Pferd im Schritt an. Folgt das Pferd nicht, können Sie es mit einem Antippen der Gerte in Richtung

Der tägliche Weidegang

von Sabine Göbel
(Besitzerin eines Pferde-Pensionsstalls)

Beim Führen von Pferden sollte man 100 Prozent bei der Sache sein. Das bedeutet, sowohl den Weg als auch die Pferde, die man führt, aufmerksam im Auge zu behalten. Denn sie merken sehr wohl, ob man auf sie achtet! Einerseits benehmen sie sich dann besser, andererseits gibt es ihnen aber auch die Sicherheit, dass derjenige, der sie führt, alles im Griff hat.

Eine aufrechte Haltung sowie ein klarer Blick in die Richtung in die es gehen soll, hilft dem Pferd zu verstehen, wohin und wie schnell sein Mensch gehen möchte.

der Hinterhand animieren. Das Anhalten bereiten Sie durch ein bewusstes Ausatmen und Entspannen vor, verlangsamen gegebenenfalls Ihren Schritt und bleiben schließlich gemeinsam stehen. Reagiert das Pferd nicht auf Ihre körperlichen Signale, heben Sie die Gerte auf Höhe des Buggelenkes vor dem Pferd an – sie fungiert wie eine geschlossene Tür. Zusätzlich kann die dem Pferd zugewandte Hand den Strick am Pferdehals entlang rhythmisch nach oben zupfen. Durch den zupfenden Rhythmus wird das Pferd zum Anhalten beziehungsweise zum Rückwärtstreten veranlasst. Der nach oben gehobene Strick hält den Hals gerade und verhindert ein Ausbrechen des Pferdes zur Bahnmitte hin. Belohnen Sie ein Stehenbleiben oder Verlangsamen sofort durch das Wegnehmen des Drucks, indem Sie Gerte, Hand oder Strick sinken lassen. Üben Sie auf diese Weise Schritt-Halt-Schritt-Übergänge. Gelingen diese, können Sie mit dem Pferd auch gemeinsam antraben oder Rückwärts gehen. Achten Sie darauf, dass die Übergänge unaufgeregt erfolgen. Wenn das Pferd Ihre Signale versteht und die Übung ohne Stress erlernt, wird es zukünftig auf die leiseste Veränderung Ihres Körpers reagieren.

Führpositionen

Es lohnt sich, das Führen von verschiedenen Positionen aus zu trainieren. Teilen wir das Pferd dazu in drei Bereiche ein. Der erste Bereich befindet sich vor dem Pferd, der zweite Bereich geht von der Nase bis zur Schulter des Pferdes, der dritte befindet sich auf Höhe der Sattellage.

Der erste Bereich: auf Sicherheitsabstand

Gehen Sie circa einen bis zwei Meter vor dem Pferd, gegebenenfalls leicht seitlich versetzt, um es im Blick zu behalten. Dies ist empfehlenswert, wenn Sie das Pferd noch nicht gut kennen oder bereits wissen, dass es ihm schwerfällt, respektvoll zu sein, dass es unter Umständen schnappt, wenn es nah am Menschen ist, dass es mit der Schulter oder dem Kopf rempelt und schubst. Mit einem drei bis vier Meter langen Strick können Sie das Pferd leicht hinter sich gehen lassen und es auf Abstand halten. Das andere Ende des Stricks können Sie abwechselnd nach links und rechts hinten um sich herum schwingen lassen, um dem Pferd einen konstanten Abstand vorzugeben, den es einhalten soll. Kommt es zu nah, wird es in den nach links und rechts schwingenden Strick hineinlaufen und wieder Abstand halten.

Der zweite Bereich: vorn am Pferd

Die meisten Menschen führen ihre Pferde in diesem Bereich, der von der Nase bis zur Schulter des Pferdes reicht. Die genaue Position, die sich auf Augenhöhe,

Lea geht hier deutlich vor dem Pferd, ...

... seitlich neben

seitlich neben der Brust oder der Schulter befinden kann, können Sie individuell auswählen. Achten Sie in dieser Position darauf, dass das Pferd in „seiner Spur“ geht, nicht hereindrängt oder Sie mit der Schulter, dem Hals oder dem Kopf berührt oder schubst. Fokussieren Sie genau den Punkt vor sich, zu dem Sie mit Ihrem Pferd gehen möchten.

Der dritte Bereich: auf Höhe der Sattellage

Gehen und Stehen auf Höhe der Sattellage kann einen guten Grundstein für das Einreiten junger Pferde legen. Oft merkt man schon beim Üben des Antretens aus dieser Position, wie unsicher die Pferde sind – schließlich müssen sie nun voran gehen. Man sollte in dieser Position zunächst am Zaun oder an der Bande bleiben, um dem Pferd an einer Seite sicheren Halt und Begrenzung zu geben. Ein Drehen des Pferdes zur Bahnmitte können Sie abfangen, indem Sie den Strick in der dem Pferd zugewandten Hand etwas anheben und so den Hals gerade halten. Zusätzlich kann sich die dem Pferd abgewandte Hand, mit oder ohne Gerte, rhythmisch auf und ab bewegen und dadurch dem Pferd signalisieren, dass es dort nicht entlang geht.

dem Pferd auf Höhe der Nase …

… und auf Höhe der Schulter.

4. Mein Bereich, dein Bereich: Individualabstand erkennen

Stellen Sie sich vor, Sie stehen im Supermarkt an der Kasse. Während Sie selbst respektvoll Abstand zu dem Kunden vor sich halten, stellt sich jemand hinter Sie, der Ihnen immer näher rückt und schließlich gar mit dem Einkaufswagen unachtsam in die Kniekehlen fährt. Sehr unangenehm, nicht wahr? Einmal abgesehen von dem Schmerz, hat jeder Mensch einen sogenannten Individualabstand, den er zwischen sich und einem anderen Menschen als angenehm empfindet. Dabei ist dieser Abstand zu einer vertrauten Person naturgemäß sehr viel geringer als zu einem Unbekannten. Diesen Individualabstand gibt es auch zwischen Pferden. So unhöflich wie Sie es an der Kasse des Supermarktes empfinden, dass man Ihnen derart nah kommt, wird ein Annähern von einem (unbekannten) Menschen auch von den Pferden empfunden und umgekehrt zeugt ein Anrempeln sowie ein Nicht-Einhalten unseres persönlichen „Wohl-Fühl-Abstandes" von einer Respektlosigkeit des Pferdes.

Gegenseitiger Respekt ist jedoch die Basis für eine feine Kommunikation und dazu gehört auch ein gewisser Abstand. Eine einheitliche Maßgabe gibt es dafür nicht, da jeder Mensch und jedes Tier anders empfindet. Wichtig ist, dass Sie sich stets darüber im Klaren sind, womit Sie – und Ihr Pferd – sich wohlfühlen. Von Tag zu Tag kann dieses Empfinden variieren. Vor allem, wenn man ein Pferd nicht kennt, sollte man auf Abstand Wert legen. Dabei weicht im Idealfall das Pferd zurück, nicht Sie.

Nähe können sich Pferd und Mensch allerdings verdienen und so bei wachsender Vertrautheit den Abstand verringern. Wann immer Sie es möchten, können Sie das Pferd einladen, sich zu nähern, nah bei Ihnen zu sein. Wichtig ist nur, dass Sie dies entscheiden. So ist gewährleistet, dass das Pferd Sie respektiert – und Ihnen damit auch vertraut.

Tipp

Der respektvolle Umgang mit Nähe gilt selbstverständlich auch für uns Menschen dem Pferd gegenüber. Achten Sie auf freundliche Signale des Pferdes, wenn Sie zu ihm gehen: Mit einem freundlichen Blick und gespitzten Ohren erlaubt das Pferd Ihnen, sich ihm zu nähern.

Hier hält Conny den Kopf des jungen Hengstes „Hokus Pokus" durch ihren ausgestreckten Arm auf Distanz, außerhalb ihres Individualabstandes.

5. Eine gemeinsame Sprache entwickeln

Für jede Verständigung ist ein grundsätzliches Vokabular nötig, bevor man sich speziellen Themen zuwendet. Das gilt ebenso in der Pferdeausbildung. Jedes Pferd muss eine sichere Basis haben, auf der es die grundsätzlichen Signale seines Menschen versteht, bevor es eine weiterführende Ausbildung erhalten kann. Wie eine Grundschule, in der gemeinsam das ABC erarbeitet wird, bevor man mit dem Schreiben und später mit dem Schönschreiben beginnen kann. Zum Pferd-Mensch-ABC gehört eine klare Verständigung darüber, wer sich wann wohin bewegt. In der Pferdeherde regelt sich die Rangordnung über genau diese Frage: wer bewegt wen – und wer weicht aus?

Das Pferd kann in sechs Richtungen (aus-)weichen

- nach hinten (Rückwärtsgehen)
- nach vorn (Schritt, Trab, Galopp, beim Führen oder Longieren)
- nach links und
- nach rechts (Weichen der Vor- und der Hinterhand)
- nach oben (Steigen, Kopf heben)
- nach unten (Ablegen, Kopf absenken)

Einer Berührung weichen

Das Signal zum Weichen kann ein Berührungsdruck sein, zum Beispiel, indem Sie das Pferd durch einen leichten Druck mit der Hand an der Nase rückwärts weichen lassen. Achten Sie hierbei darauf, nur Ihre Fingerspitzen einzusetzen und sich nicht mit vollem Körpereinsatz gegen das Pferd zu stemmen. Druck erzeugt Gegendruck: Das Pferd wird sich gegebenenfalls auch gegen Sie lehnen. Arbeiten Sie vielmehr vibrierend, mit einem langsamen Schließen und einem schnellen Öffnen der Finger, sobald das Pferd reagiert. Durch dieses Wechselspiel von Geben und Nachlassen des Drucks, wird das Pferd schnell lernen, was es tun soll und wird immer leichter reagieren. Akzeptieren Sie am Anfang kleine Schritte in die richtige Richtung, beispielsweise das Verlagern des Gewichtes nach hinten, wenn Sie ein Rückwärtsgehen verlangen. Streicheln Sie das Pferd an der Stelle, an der Sie den Druck ausgeübt haben, um zu vermeiden, dass es scheu wird oder bereits zu weichen beginnt, bevor Sie es berühren. Unterscheiden Sie klar, ob das Pferd einer Berührung weichen soll, also einem Gefühl auf seiner Haut oder, wie im Folgenden beschrieben, eine Hilfegebung auf Distanz – ohne Berührung.

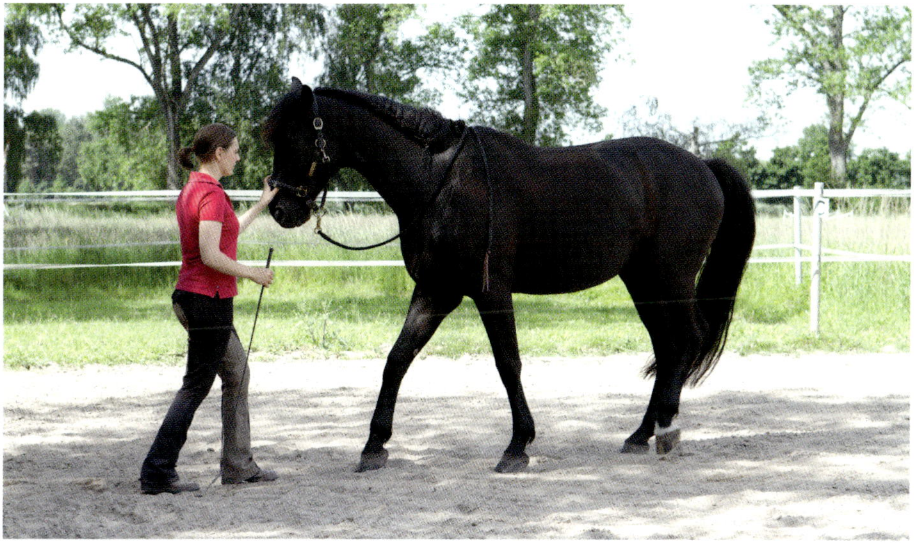

Durch einen leichten Druck auf die Nase veranlasst Conny ihren „Bigelow“ zum rückwärts treten.

Auf Distanz arbeiten

Wenn Sie mit mehr Abstand, ohne Berührungsmöglichkeiten, arbeiten, verwenden Sie Handsignale beziehungsweise Ihre Körpersprache sowie Gerte und Strick, um sich verständlich zu machen. Beginnen Sie auch hier mit dem kleinstmöglichen, deutlichen Signal, gegebenenfalls einem Stimmkommando. Die Hilfen werden schrittweise gesteigert und verdeutlicht. So können Sie die Gerte als verlängerten Arm hinzunehmen, um dem Pferd zu zeigen, mit welchem Körperteil es weichen soll. Lassen Sie nach Möglichkeit das Pferd weichen, bevor Sie selbst sich bewegen – denn es gilt ja: „Wer bewegt wen?“ Nehmen Sie die Hilfen zurück, sobald das Pferd reagiert und einen Schritt in die richtige Richtung macht. Streicheln Sie das Pferd regelmäßig, vor und nach der Übung mit den verwendeten Hilfsmitteln ab. Es muss ganz sicher darauf vertrauen können, dass es von Ihnen und Ihrem Material nichts zu befürchten hat.

Die Signale fürs Weichen sollte das Pferd stressfrei von oder mit Ihnen erlernen können, denn es geht darum, eine Basis voller Vertrauen und Verbundenheit zu schaffen. Für das Pferd ist es zunächst natürlich, auf einen Druck mit Widerstreben oder Gegenwehr zu reagieren. Es wird erst nach und nach lernen, wie es auf die vom Menschen gegebenen Signale reagieren soll.

Rückwärts

Rückwärtsrichten schafft Distanz und ist deshalb oft ein guter Anfang für die Bodenarbeit. Steht das Pferd nah bei Ihnen, beginnen Sie mit einem Berührungsdruck. Legen Sie Ihre Hand auf die Nase, ans Halfter oder an die Brust des Pferdes. Geben Sie zunächst einen leichten Druck (oder Zug am Halfter), den sie langsam aber stetig steigern: Geben Sie zum Beispiel alle ein bis zwei Sekunden etwas mehr Druck. Achten Sie darauf, sich nicht gegen das Pferd zu lehnen, sondern benutzen Sie nur Ihre Fingerspitzen. Belohnen Sie das Pferd bereits für ein Verlagern seines Gewichts nach hinten oder für einen einzigen Schritt, indem Sie sofort mit dem Druck nachlassen. Ist das Pferd ungefähr eine Armlänge rückwärts gewichen, können Sie

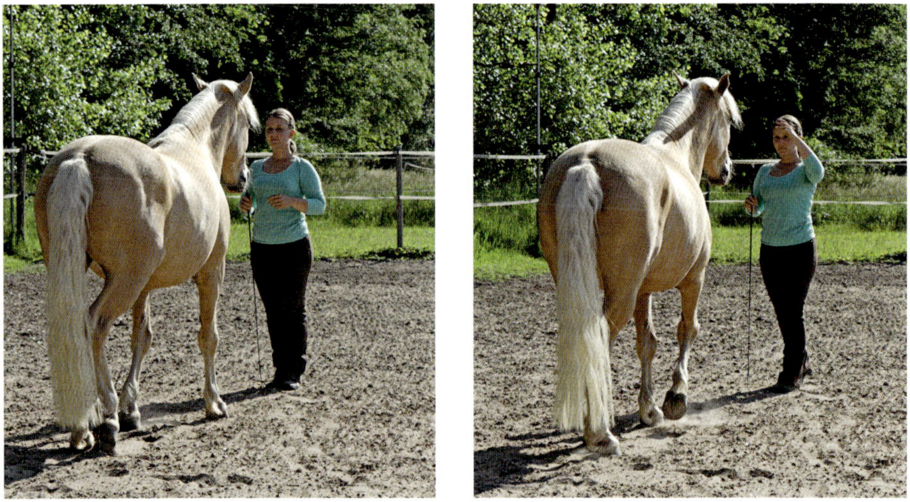

Die aufrechte Haltung von Steffi signalisiert: „Achtung, ich möchte gern etwas von dir!" Auf dem zweiten Bild richtet Steffi „Hank" auf Distanz rückwärts, die Hilfe dazu ist hier die erhobene Hand sowie der Schritt nach vorn auf das Pferd zu.

Rückwärts durch die Tonnen ist bereits eine große Herausforderung für das Pferd. Es gehört ein bisschen Übung dazu, um das so geschickt wie Conny und „Hokus Pokus" zu bewältigen.

auf diese Distanz mit Ihrem Körper und Ihren Hilfsmitteln arbeiten. Atmen Sie ein und verändern Sie Ihre Energie, richten Sie sich auf. Ein sensibles Pferd könnte selbst darauf bereits reagieren. Fassen Sie den Strick in einer Hand, die Gerte in der anderen. Wenn Sie keine Gerte verwenden möchten, nehmen Sie den Strick in beide Hände, jedoch so, dass er zwischen Ihren Händen ein wenig nach unten hängt. Dieses Mittelteil des Strickes lässt sich rhythmisch bewegen, wenn Sie die Unterarme leicht nach links und rechts öffnen und schließen. Steigern Sie Ihre Hilfen, indem Sie nun die Gerte oder das in den Händen gehaltene Mittelteil des Stricks rhythmisch, vibrierend bewegen. Entspannen Sie sofort Ihre Körperhaltung, wenn das Pferd sein Gewicht nach hinten verlagert oder einen Schritt rückwärts tritt. Geben Sie mit dem Rückwärtsgehen des Pferdes das Seil in dessen Richtung nach.

Weicht das Pferd seitlich aus, können Sie es mit dem Strick leicht korrigieren. Achten Sie dabei darauf, dass Sie selbst nicht zu viel nach rechts oder links mit wandern, sondern gerade in Ihrer Spur bleiben.

Vorwärts

Eine Vorwärtsbewegung wird natürlich vor allem beim Führen vom Pferd verlangt. Dort wird es ohne Berührungsdruck abgefragt, das Pferd folgt einfach seinem Menschen. Vorwärts treten aufgrund eines Berührungsdrucks, eines Zuges am Führstrick, muss das Pferd zum Beispiel wenn es angebunden steht, zurückweicht und der Strick sich spannt. Es muss dann wissen, dass es wieder nach vorn treten muss, um den Zug zu lösen. Ein junges Pferd, das von Anfang an den Zug am Strick nach vorn in dieser Weise kennenlernt, verinnerlicht dieses Wissen oft und läuft kaum Gefahr, sich angebunden „aufzuhängen" oder in Panik zu geraten. Diese Übung ist allerdings bei einem erwachsenen Pferd mit einem anderen Wissensrepertoire keine Garantie dafür, dass es seine Panik vor dem Anbinden verliert!

Beginnen Sie in einem oder zwei Metern Entfernung, mit Blickkontakt vor dem Pferd stehend. Lehnen Sie sich leicht zurück und beginnen Sie nun, sanft den Strick zu sich hin mit beiden Händen abwechselnd zu streichen. Dabei schließen Sie die Finger langsam immer mehr um den Strick, bis Sie ihn halten und daran ziehen. Stellen Sie die Beine etwas auseinander, die Knie leicht gebeugt und halten Sie den Zug am Strick, bis das Pferd nach vorn antritt. Geben Sie dann sofort nach – das Pferd darf keinerlei Zug mehr am

Es ist wichtig, vor allem in Bezug auf das Anbinden, dass Pferde lernen, einem Zug am Strick nach vorn zu folgen. Hier zeigt Anja „Juri" wie es geht.

„Juri" hat Anja verstanden und kommt auf sie zu, sofort gibt Anja mit dem Seil nach und verändert auch ihre Körperhaltung. Zusätzlich bekommt „Juri" ein Stimmlob, das ihm signalisiert, dass er alles gut gemacht hat.

Conny und „Hokus Pokus" beim Vorwärts ohne Seil mit der Gerte. Deutlich erkennbar, dass Conny durch ihre Körperhaltung signalisiert, dass „Hokus" auf sie zukommen darf.

Halfter spüren, sobald es einen Schritt nach vorn in die gewünschte Richtung gemacht hat. Der Lerneffekt liegt darin, dass das Nachlassen des Drucks das Lob ist.

Links und Rechts

Das Pferd in beide Richtungen seitlich bewegen zu können ist nützlich und wird im Alltag ständig gebraucht: beim Putzen, Führen, Longieren, Verladen ... Zerlegt man das seitliche Weichen des Pferdes in seine Einzelteile, dann handelt es sich entweder um ein Weichen der Vor- oder der Hinterhand oder, im Falle von Seitengängen, von beiden gemeinsam. Für das leichtere Verständnis ist es empfehlenswert, das Weichen lassen nach einer Seite vom Boden aus zu beginnen – mit Hilfe einer Berührung durch Ihre Hände oder durch Energie und Rhythmus von Händen, Seil oder Gerte – um beide Bewegungen jederzeit abrufen zu können.

Die Hinterhand weichen lassen

Mit dieser Übung kontrollieren Sie die Hinterhand des Pferdes und damit in gewisser Weise auch die gesamte Vorwärtsbewegung, denn: Wenn Sie die Hinterhand weichen lassen, kann das Pferd nicht mehr vorwärts gehen, es muss sich drehen und Sie ansehen. Ziel ist es, dass das Pferd mit der Vorhand einen möglichst geringen Radius beziehungsweise auf der Stelle tritt. Die Hinterhand beschreibt einen größeren Kreis um die Vorhand herum, das innere Hinterbein kreuzt im Idealfall vor dem äußeren. Vermeiden beziehungsweise korrigieren Sie ein Kreuzen des inneren Beines hinter dem äußeren – das wäre bei den späteren Seitengängen nach den Richtlinien der Klassischen Dressur fehlerhaft.

Lassen Sie das Pferd auf eine Berührung hin weichen indem Sie, seitlich am Pferd stehend, mit der dem Kopf zugewandten Hand den Strick fassen und dem Pferd

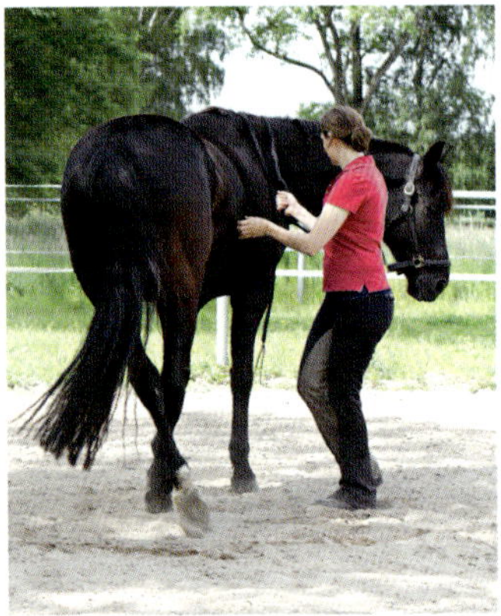

„Bigelow" lernt hier, auf einen Berührungsdruck hin mit der Hinterhand zu weichen.

Ein Blick genügt und „Hokus Pokus" weicht mit seiner Hinterhand aus.

ein wenig Führung nach innen geben. Die der Hinterhand zugewandte Hand gibt einen leichten Berührungsdruck mit den Fingerspitzen – etwa zwei Handbreit hinter der Gurtlage. Schließen Sie die Finger langsam, um den Druck zu erhöhen, und öffnen Sie sie sofort (!), wenn das Pferd in gewünschter Art mit der Hinterhand seitwärts weicht.

Befindet sich das Pferd auf Distanz, positionieren Sie sich vor oder leicht seitlich zum Pferd. Lehnen Sie sich etwas vor und richten Sie Ihren Blick auf die Hinterhand, denn dorthin soll die Energie gehen. Geben Sie etwas Unterstützung mit der Gerte oder mit dem Ende Ihres Stricks, den Sie kreisend in der Luft bewegen können. Lassen Sie mit dem Druck nach, sobald das Pferd mit der Hinterhand weicht und Sie ansieht.

Die Vorhand weichen lassen

Bei diesem Bewegungsablauf schreitet die Vorhand des Pferdes um die Hinterhand. Das Pferd bewegt die Hinterbeine in einem tellergroßen Radius, während das Ihnen zugewandte Vorderbein das andere in der Bewegung kreuzt. Das Weichen lassen der Vorhand ist wichtig, um Kontrolle über die Schulter des Pferdes zu erlangen. Beim Führen und bei allen Übungen, bei denen Sie sich seitlich zum Pferd befinden, schafft es Distanz.

> »Aufmerksam zu bleiben, um […] beim geringsten Nachgeben zu belohnen, heißt zu wissen, dass man durch Unterbrechen des Einwirkens belohnt.«
>
> Nuno Oliveira

Um die Vorhand einer Berührung Ihrer Hände weichen zu lassen, stellen Sie sich seitlich zum Pferd. Die dem Kopf des Pferdes zugewandte Hand kann ins Halfter greifen und dort präzise Führung geben. Die andere Hand wird an der Gurtlage platziert und übt dort einen sanften Druck mit den Fingerspitzen aus. Lassen Sie das Pferd zunächst einzelne Schritte herumtreten, später kann es auch um 180 Grad oder 360 Grad wenden.

Wird diese Bewegung auf die Distanz und ohne Berührung verlangt, platzieren Sie sich seitlich zum Pferd, etwa auf Höhe des Vorderbeines. Für Bewegungen, die Sie von der Seite des Pferdes abrufen, gilt im Allgemeinen: Je näher Sie zu Hals und Kopf stehen, desto mehr Rückwärts-

Hier weicht die Vorhand auf einen Berührungsdruck hin, der nur ganz leicht mit den Fingerspitzen gegeben wird.

Auch auf Distanz sollte das Pferd mit der Vorhand weichen können. Eine leicht erhobene Hand hilft, dies verständlich zu machen.

Tendenz erhalten Sie in der Bewegung des Pferdes; je weiter Sie sich nach hinten platzieren, desto mehr Vorwärts-Bewegung entsteht.

Gerte und/oder Hände bewegen sich rhythmisch auf Kopf und Hals des Pferdes zu. Lassen Sie mit dem Druck sofort nach, wenn das Pferd reagiert, mit den Vorderbeinen zur Seite tritt und diese gegebenenfalls sogar kreuzt. Am Anfang ist es akzeptabel, wenn die Bewegung Vorwärts- oder Rückwärtstendenz enthält, sie kann mit wachsendem Vertrauen verfeinert werden. Geben Sie sich zunächst mit einem Schritt zufrieden und streichen Sie das Pferd mit den Händen oder der Gerte an Hals und Kopf ab.

Nach oben und nach unten

Bewegungen nach oben oder unten sind viel häufiger, als man auf den ersten Blick meinen mag. Hinlegen, Hals absenken, ein Kompliment ausführen – all dies sind Bewegungen nach unten. Steigen oder das Anheben des Kopfes sind Bewegungen nach oben.

Kopf absenken und anheben

Fassen Sie Halfter oder Strick mit zwei Fingern und geben Sie einen sanften Zug nach unten. Erhöhen Sie den Zug wenn nötig ein wenig und warten Sie, bis das Pferd im Genick minimal nachgibt. Lassen Sie dann sofort los. Nach und nach wird das Pferd immer leichter und schneller den Kopf-Hals-Bereich absenken.

Eine weitere Möglichkeit das Pferd zu veranlassen, den Kopf zu senken, ist folgende: Legen Sie die Fingerspitzen auf das Genick des Pferdes, direkt hinter den Ohren und üben Sie dort einen leichten Berührungsdruck aus. Reagiert das Pferd nicht, können Sie an dieser Stelle sanft Druck geben und massieren. Helfen Sie dem Pferd außerdem durch einen vorsichtigen Zug am Halfter oder am Strick, den Weg nach unten zu finden. Nach und nach können Sie Ihre Hand immer weiter am Pferdehals entlang wandern lassen und das Absenken des Kopfes durch einen sanften Berührungsdruck an verschiedenen Stellen des Halses erarbeiten.

Am Anfang mag die Übung schwierig erscheinen, aber sie verfehlt ihre nützliche Wirkung nicht und ist immer wieder sinnvoll für verschiedenste Situationen. Üben Sie das Absenken des Kopfes vielleicht einmal beim kontrollierten Grasen, sodass das Pferd das Fressen des Grases als Belohnung erhält. Auch zum Trensen können Sie das Pferd jedes Mal auffordern, den Kopf zu senken. Nehmen Sie sich dafür so viel Zeit wie es dauert, bis das Pferd den Kopf ruhig unten behält, während Sie die Trense anlegen.

Um den Kopf wieder anzuheben, beginnen Sie aus der abgesenkten Kopf-Hals-Position. Geben Sie dem Pferd einen leichten Zug am Halfter nach oben und unterstützen Sie, wenn nötig, mit einem Schnalzen. Dadurch können Sie üben, Kopf und Hals des Pferdes zu positionieren und mit Leichtigkeit Ihren Berührungen folgen zu lassen.

Völlig entspannt gähnt hier „Hank" und senkt den Kopf ab. Steffi legt dazu nur ihre Hand leicht auf den Hals des Pferdes.

> »Während der Ausbildung eines Pferdes [...] darf man die einzelnen Abschnitte nicht übergehen. Es wäre dasselbe bei einem Hausbau im dritten Stock anzufangen, ohne ein gutes Fundament zu konstruieren.«
>
> Nuno Oliveira

6. Aufgepasst! Gegenseitige Aufmerksamkeit

Wenn wir mit dem Pferd arbeiten, verlangen wir oft, dass es aufmerksam und ohne Zeitverzögerung ausführt, worum wir es bitten. Jedoch sollten auch wir voll bei der Sache sein und uns nicht ablenken lassen.

Wenn Sie nun die Werkzeuge an die Hand bekommen, mit denen Sie aktiv die Aufmerksamkeit Ihres Pferdes gewinnen können, sollten Sie sich bewusst machen, dass vor allem Ihre Konzentration gefordert ist. Gespräche am Handy oder mit den Stallkollegen sind dann unangebracht. Halten Sie die gemeinsame Zeit effizient und arbeiten Sie nur so lange mit Ihrem Pferd, wie es für Sie beide konzentriert und motiviert möglich ist.

Blickkontakt

Betrachtet ein Pferd lieber seine Umwelt als sein menschliches Gegenüber, prüfen Sie zuerst, ob es sich um ein entspanntes Desinteresse handelt oder ob das Pferd in dauernder Sorge ist und den Blick unruhig schweifen lässt, meist begleitet von hektischem Ohrenspiel und unsicheren Augen.

Es gibt zwei Möglichkeiten, sich die Aufmerksamkeit des Pferdes zu sichern:

Die gemeinsame Zeit spannend gestalten

von Stephanie Rathke (Horsemanship-Trainerin)

Ich habe die Erfahrung gemacht, dass sich das Verhalten der Pferde sehr schnell ändert, sobald wir ein für sie wahrnehmbares Muster, bestehend zum Beispiel aus Pylonen, Stangen oder lediglich den Ecken des Reitplatzes, sinnvoll in unsere Arbeit einbauen. Das „faule" Pony gibt sich plötzlich sichtlich Mühe, um alles richtig zu machen, weil es ja anschließend seine wohlverdiente Pause bekommt. Ängstliche oder gestresste Pferde bekommen durch ein gleichbleibendes Muster mehr Sicherheit und Ruhe und das übermütige „Wildpferd" kann seine Energie auf der klaren Linie des Musters kontrolliert herauslassen, bis es in der Lage ist, sich besser zu konzentrieren.

Steffi und „Hank" sind beide voller Konzentration und Aufmerksamkeit bei der Sache – so gelingt das Seitwärts mühelos.

Sie können sie aktiv einfordern oder sich über abwechslungsreiche Aufgaben Stück für Stück erarbeiten.

Machen Sie sich interessant!

Hat ein Pferd Sorgen und Stress durch seine Umgebung, dann sollte es sich bewegen dürfen. So kann es Adrenalin abbauen und gleichzeitig sein Umfeld im Blick behalten. Arbeiten Sie mit Objekten, zum Beispiel Stangen oder Pylonen, sodass das Pferd darauf achten muss, wohin es seine Hufe setzt. Beachten Sie: Ein ängstliches Pferd braucht Wiederholungen und feste Muster in der Arbeit, um sich zu entspannen, zum Beispiel im Schritt gehen und immer wieder an der gleichen Pylone anhalten.

»Jede Eintönigkeit nimmt dem Pferd die Freude an der Bewegung, von der die gesamte reiterliche Ausbildung letztlich profitiert.«

Ingrid und Reiner Klimke

Für ein sorgenfreies Pferd ist es dagegen interessanter, wenn mehr Abwechslung im Spiel ist. Es lernt schnell, weil es sich wohlfühlt, langweilt sich dadurch allerdings auch eher. Wenn das Pferd viel Energie hat, wird es sich bewegen und Spaß haben wollen. Bieten Sie ihm nicht genug, wird es beginnen, eigene Vorschläge einzubringen, zum Beispiel bocken oder losgaloppieren ... Machen Sie hier viele Hand- und Tempiwechsel, nutzen Sie ein Muster und variieren Sie dieses, sobald Sie sicher sind, dass Ihr Pferd die Grundaufgabe verstanden hat. Bei dem Beispiel mit der Pylone würden Sie alsbald im Trab, von der anderen Hand oder rückwärts zur Pylone gehen, um dort anzuhalten und eine Pause zu machen. Die Pylone ist also der Fixpunkt, während sich die Aufgabe darum herum verändert.

Die Aufmerksamkeit eines ruhigeren, vielleicht manchmal phlegmatischen Pferdes erreichen Sie am besten, indem Sie mit einer Grundaufgabe beginnen und promptes, aber kurzes Engagement fordern. Seien Sie in Ihren Anweisungen präzise, fordern Sie wenig, aber das qualitätsvoll. Diese Pferde sind oft nicht dumm und faul, sondern äußerst klug und bewegen sich deshalb so wenig wie möglich. Um sich für diese Art Pferd interessant zu machen, müssen Sie klug planen und dem Pferd einen Sinn hinter dem zeigen, was

„Robin" ist ganz bei Heidi und lässt sich selbst vom Gras nicht ablenken.

Sie ihm zu tun geben. Bleiben wir beim Pylonenbeispiel: „Du solltest dich beeilen rückwärts dorthin hin zu gehen, denn ich habe bereits einen Apfel für dich an Ort und Stelle versteckt."

Schau mir in die Augen, Kleines!

In einigen Situationen ist ein aktives „Einfordern" der Augen und Ohren des Pferdes von Bedeutung. Wenn Sie beispielsweise etwas Neues erarbeiten wollen oder Ihr Pferd zwischen oder während den Aufgaben immer wieder den Blick schweifen lässt. Auch beim Führen auf Gras sollten Sie die Aufmerksamkeit Ihres Pferdes bei sich halten können. Sagen Sie den Namen des Pferdes, schnipsen oder schnalzen Sie. Reagiert das Pferd nicht, schauen Sie am Pferd vorbei auf dessen Hinterhand, um diese weichen zu lassen. Wenn Sie sich wenig oder gar nicht mitbewegen, wird das Pferd automatisch durch den Bewegungsablauf seine Nase vor Sie bringen und Blickkontakt mit Ihnen aufnehmen. Wählen Sie immer die „offene" Seite. Schaut das Pferd beispielsweise nach links, lassen Sie die rechte Hinterhand weichen. Fragen Sie den Blickkontakt nur aktiv ab, wenn Sie selbst konzentriert sind und sich voll und ganz darauf einlassen wollen und können.

7. Ich fürchte mich! Stangen, Plane, Wasser und Co.

Gegenstände umgeben uns und unsere Pferde den ganzen Tag. An die meisten Objekte haben sich die Tiere bereits gewöhnt, deshalb vergessen wir manchmal, dass sie als Fluchttiere eigentlich angesichts eines unbekannten Objektes erst einmal auf Abstand gehen und es sich dann, begleitet von lautem Prusten und einem erhobenen Schweif, aus sicherer Entfernung ansehen. Durch das Kennenlernen und erfolgreiche Meistern der Begegnungen mit den verschiedensten Objekten, erhalten erde mehr Selbstvertrauen, erfahren und wissen mehr, haben mehr Lösungen parat. Das macht sie nicht angstfrei, aber klüger und dadurch gelassener.

Furcht vor raschelndem Plastik und zischenden Sprühflaschen

Nehmen wir als Beispiel eine Plastiktüte, die Sie am Schlag Ihrer Gerte befestigen. Die Gerte sollte etwas fester sein, sodass sie nicht unkontrolliert zu schwingen beginnt. Gehen Sie rückwärts und lassen Sie das Pferd am Strick folgen. Auf diese Weise bedrängen Sie das Pferd nicht, es kann den Abstand selbst bestimmen. Versuchen Sie, ob Sie während des Gehens

So eine Plane kann ganz schön gefährlich wirken! Bekommt das Pferd genügend Zeit und die richtigen Strategien, um sich mit unbekannten Gegenständen vertraut zu machen, verlieren diese bald ihren Schrecken und selbst ein Abstreichen mit einer Plane ist dann kein Kunststück mehr.

den Strick immer ein wenig nachgreifen können, wenn das Pferd näher kommt. Es wird sich Stück für Stück nähern, bis es sich traut, an der Tüte zu schnuppern. Loben Sie es dann und machen Sie einen Moment Pause.

Wiederholen Sie die Übung und schwingen Sie die Gerte mit der Tüte nun in der Luft auf und ab. Wenn Sie im Gehen merken, dass sich das Pferd beginnt, zu entspannen (Kauen, Abschnauben, Kopf absenken, näher kommen), versuchen Sie, stehenzubleiben und weiter die Tüte auf und ab zu bewegen. Tritt das Pferd daraufhin verunsichert ein paar Schritte zurück, beginnen Sie selbst wieder rückwärts zu gehen, um den Abstand zwischen der Tüte und dem Pferd zu vergrößern. Dadurch zwingen Sie das Pferd nicht, die Situation auszuhalten, sondern erleichtern sie ihm wieder.

Zeigt das Pferd im Stehen deutliche Zeichen der Entspannung, lassen Sie die Gerte sinken und machen Sie einen Moment Pause. Wichtig ist dabei, dass die Pause im Moment des Stehenbleibens, Entspannens oder Durchatmens sofort (!) als Antwort erfolgt. Das Pferd lernt in dem Moment, in dem der Druck verschwindet. Wenn es also die raschelnde Tüte als Druck empfindet und vor ihr zurückweicht, müssen Sie den Reiz weiter ausüben, bis das Pferd eine andere Idee

Anfangs werden die Tonnen noch misstrauisch angesehen, „Hokus Pokus" stoppt erst einmal davor und sieht sich die Sache näher an.

Conny bleibt ruhig und schon bald folgen die ersten Schritte zwischen den Tonnen hindurch ...

... und dann macht das Springen darüber sichtlich Spaß!

So ein schmaler Durchgang ist für ein Pferd meist sehr furchteinflößend. „Juri" zeigt sich hier schon sehr mutig und setzt einen Fuß zwischen die Silageballen.

hat: Stehen bleiben, Abschnauben, Blickkontakt mit Ihnen aufnehmen, vielleicht sogar den Kopf absenken. Durch ein Streicheln und beruhigendes Loben bei einer Angstreaktion belohnen Sie lediglich das Fluchtverhalten. Das Pferd soll jedoch lernen, dass sich die Situation durch Neugier und Entspannung regulieren lässt.

Auf diese Art und Weise können Sie sich Stück für Stück näher ans Pferd heranarbeiten, bis Sie die Tüte neben ihm und schließlich über seinem Rücken bewegen können, ohne dass es durch das Rascheln erschrickt. Dann können Sie auch versuchen, das Pferd mit der Tüte zu berühren. Achten Sie aufmerksam auf kleinste Zeichen der Angst und entfernen Sie die Tüte, bevor das Pferd erschrickt. Arbeiten Sie immer in kurzen Reprisen, wechseln Sie dabei zwischen Annäherung und Entfernung des „gefährlichen" Objektes. Steigern Sie den Schwierigkeitsgrad dieser Aufgabe nur so weit, wie ihr Pferd ihn bewältigen kann und gehen Sie immer wieder einen Schritt zurück wenn es die Situation erfordert.

Engpässe

Objekte in der Reitbahn können Engpässe und schmale Durchgänge bilden. Zwischen zwei Hütchen hindurch zu gehen, kann für ein Pferd „beklemmend" von links und rechts wirken. Für ein Fluchttier ist es in höchstem Maße unnatürlich, sich in einen solchen Engpass zu begeben, denn er schränkt die Fluchtmöglichkeiten ein. Fürchtet das Pferd sich, sollte der Durchgang zuerst möglichst breit gemacht werden. Mit wachsendem Vertrauen können Pylonen, Tonnen oder Stangen näher zusammen gerückt und der Engpass verkleinert werden.

Eine Selbsterfahrung von den Nüstern bis zum Hinterbein

Das Pferd sollte wissen, wie es sich anfühlt, wenn sein Körper fremde Oberflächen berührt und dass ihm dabei nichts geschieht. Sie können das Körpergefühl des Pferdes trainieren, indem Sie eine Tonne oder einen großen Ball in der Bahnmitte platzieren. Lassen Sie das Pferd zuerst daran schnuppern. Erarbeiten Sie im Folgenden mit der Hilfe von abwechselndem Annähern und Entfernen, dass das Pferd das Objekt auch mit anderen Körperteilen berühren kann, beispielsweise mit seinem Vorderbein, seinen Rippen, seinem Hinterbein, seinem Schweif.

Ihrer Fantasie sind in der Auswahl der Objekte für diese Übung kaum Grenzen gesetzt: Ob Stallwand, Traktorreifen oder Silageballen auf dem Feld – eine Berührung schult in jedem Fall das Körperbewusstsein Ihres Pferdes und stärkt noch dazu sein Vertrauen in Sie.

„Makao" hat sichtbar keine Furcht vor dem übergroßen Ball. Als nächsten Schritt wird Jessie ihm zeigen, dass er den Ball auch mit seinen Vorder- und Hinterbeinen berühren kann.

Auch im Hänger kommt das Pferd mit den Seitenwänden oder den Sicherheitsabtrennungen in Kontakt. Kennt es seinen Körper und kann dessen Größe einschätzen, machen ihm diese Berührungen keine Angst mehr.

8. Besuch vom Tierarzt

Die Vorbereitung auf den Tierarzt ist eines der wichtigsten Dinge, die Sie mit Ihrem Pferd in Angriff nehmen sollten, kann seine Hilfe doch unter Umständen lebensrettend sein. Nichts ist schlimmer, als ein Pferd mit einer Kolik, das sich vor Schmerzen windet und dann voller Panik in der Box tobt, sich vielleicht gar selbst verletzt, wenn der Tierarzt eine entkrampfende Spritze geben möchte. Zudem behandeln Tierärzte auch ruhige und sichere Pferde lieber, denn sich mutwillig einer sichtbaren Gefahr auszusetzen, ist schließlich nicht jedermanns Sache ...

Üben Sie daher in einer entspannten Situation, wenn kein Notfall vorliegt, die verschiedenen Handgriffe.

Was der Tierarzt sagt

von den Tierärztinnen Dr. Sabine Ruhe und Dr. Alexandra Steinbrück

Ein Pferd, das sich bei Untersuchung und Behandlung kooperativ verhält, ist nicht nur für den untersuchenden Tierarzt hilfreich, sondern profitiert von einer aussagekräftigen Untersuchung und einer daraus resultierenden raschen Behandlung.

Aufregung und Stress durch ungewohnte Situationen während des Untersuchens können die Vitalwerte wie zum Beispiel Puls, Atmung und Körpertemperatur beeinflussen und somit die Diagnosefindung erschweren. Wir stellen fest, dass selbst einfache Handgriffe von manchen Tieren oft nicht toleriert werden. Dies hat zur Folge, dass bestimmte, zum Teil wichtige Untersuchungen nicht durchgeführt werden können und eine korrekte Diagnose und auch Behandlung damit nicht möglich sind oder zumindest erheblich erschwert werden.

Notwendige Zwangsmaßnahmen wie unter anderem eine Sedation sind immer mit einem eigentlich vermeidbaren Risiko und einem deutlich erhöhten Aufwand verbunden.

Es ist damit nicht nur für die Sicherheit von Mensch und Tier, sondern auch für den Geldbeutel ein großer Vorteil, wenn ein Pferd tierärztliche Manipulationen ruhig zulässt.

Eine Spritze geben

Viele Pferde fürchten sich vor dem Spritzen und steigen, versuchen davon- oder durch Tierarzt und Besitzer hindurch zu laufen oder machen den Hals so fest, dass die Venen nicht mehr zu finden sind.

Wäre es nicht hilfreich, wenn das Pferd sich beim Pieken der Spritze eher entspannen würde?

Da das Pferd in dem Moment lernt, in dem der Druck verschwindet, können Sie den Reiz des Piekens mit einer anderen, gewünschten Reaktion verbinden wie zum Beispiel mit einem ruhigen Stehenbleiben oder sogar mit einem Senken des Kopfes.

Binden Sie das Pferd für diese Übung nicht an, sondern halten Sie den Strick in der Hand oder bitten Sie einen Helfer, das Pferd zu halten. Beginnen Sie mit dem Abstreichen des Halses und einem leichten Druck der Finger – so wie der Tierarzt. Verweilen Sie dann mit den Fingern an einer Stelle und pieken Sie das Pferd vorsichtig (!) mit einem Zahnstocher. Beginnen Sie mit einem leichten Reiz. Warten Sie ab, bis das Pferd aufhört mit dem Kopf zu schlagen oder herumzutänzeln. Lassen Sie dann als Belohnung den Druck verschwinden und massieren und streicheln Sie die gepiekte Stelle am Hals mit den Händen. Wiederholen Sie dieses Muster, bis Sie sicher sind, dass das Pferd verstanden hat, dass es belohnt wird, wenn es stehen bleibt und den Kopf ruhig hält. Belohnen Sie es für Abschnauben, Kopf absenken, kauen, lecken oder andere Zeichen der Entspannung und Ruhe.

Conny piekt „Bigelow" mit einem Zahnstocher aus Holz ganz vorsichtig in den Hals. Entspannt das Pferd die Halsmuskulatur, gibt es eine Belohnung/Pause.

Rektalisieren und Fiebermessen vorbereiten

Beim Rektalisieren fasst der Tierarzt mit Hand und Unterarm durch den After in die Rektumampulle des Pferdes. Dort kann er den Arm bewegen und ertasten, ob mit den erreichbaren inneren Organen (Querdarm, Blinddarm, Eierstöcke, Milz, Nieren) alles in Ordnung ist. Für das Pferd ist dieser Eingriff durch den Schließmuskel meist unangenehm und vielleicht sogar beängstigend. Üben können Sie dies

Viele Pferde genießen es, wenn man den Bereich um die Schweifrüber herum putzt, krault oder massiert. Dies ist eine gute Vorbereitung für das Fiebermessen.

ohne Fachkenntnisse und eine tierärztliche Ausbildung selbstverständlich nicht, aber Sie können dem Tierarzt zuarbeiten, indem Sie das Pferd daran gewöhnen, sich um die Schweifrübe herum und am After gut anfassen zu lassen. Lassen Sie Ihr Pferd von einem Helfer halten und streichen Sie zunächst mit den Händen die Hinterhand sowie den Schweif ab. Akzeptiert das Pferd dies ohne Sorge, beginnen Sie, es sanft an den Seiten der Schweifrübe zu kraulen. Sie werden schnell merken, ob das Pferd diese Berührung genießt, den Schweif vielleicht sogar etwas anhebt oder den Schweif einklemmt und versucht, sich von Ihnen zu entfernen. Wenn Sie die Schweifrübe an den Seiten berühren können, versuchen Sie streichelnder Weise unter die Schweifrübe zu gelangen. Akzeptiert das Pferd ein Streicheln unter der Schweifrübe und versucht nicht, diese ruckartig zu klemmen oder Ihre Hand durch wedelnde Bewegungen loszuwerden, werden Sie feststellen, dass diese Berührung auch dazu führen kann, dass das Pferd den Schweif anhebt. Achten Sie auch hier unbedingt auf Ihre eigene Sicherheit und stellen Sie sich dicht seitlich neben das Hinterbein des Pferdes und legen Sie eine Hand auf die Kruppe des Pferdes – so spüren Sie, wenn sich das Pferd verspannt und vielleicht aus Angst ein Ausschlagen folgen könnte.

Das Pferdemaul entdecken!

Das Maul des Pferdes in stressfreier Atmosphäre kennen und berühren zu lernen, kann bei der Gabe von Wurmkuren oder bei Behandlungen durch den Zahnarzt einiges erleichtern.

Machen Sie sich mit dem Maul Ihres Pferdes vertraut und üben Sie, mit den Fingern die Laden, die Zunge, die Lippen und das Zahnfleisch zu berühren. Das erleichtert das Anpassen des richtigen Gebisses, das Geben einer Wurmkur ebenso wie den Besuch des Zahnarztes.

Beginnen wir mit einer einfachen Übung: Umfassen Sie die Nase des Pferdes mit dem rechten Arm. Alternativ können Sie das Pferd am Halfter oder, wenn Sie schon etwas geübt sind, gar nicht mehr festhalten. Streicheln Sie das Pferd nun mit der freien (linken) Hand an Nüstern, Lippen und Kinn. Wird diese Berührung akzeptiert, beginnen Sie, die Lippen zu massieren. Wenn Sie die Pferdelippen anheben oder öffnen, sehen Sie Zähne und Zahnfleisch. Auch die Innenseite der Lippen und das Zahnfleisch können mit sanftem Fingerdruck massiert werden. Legen Sie dann einen oder zwei Finger auf die Lade des Unterkiefers an die zahnfreie Stelle zwischen Eck- und Backenzahn. Das Maul öffnen und kauen darf das Pferd, schlägt es jedoch mit dem Kopf, halten Sie die Finger nach Möglichkeit an Ort und Stelle, bis es den Kopf ruhig hält und entspannt kaut. Nehmen Sie die Finger dann weg und machen Sie einen Moment Pause. Sie können nun mit den Fingern auch die Zunge berühren und, wenn Sie sich trauen, diese greifen und sanft aber beherzt seitlich herausziehen. Wenn möglich, halten Sie die Zunge ein wenig und lassen diese los, wenn das Pferd den Kopf ruhig hält. Streicheln Sie anschließend Maul, Nüstern und Lippen. Achten Sie bei allen diesen Übungen nicht nur auf Ihre Finger sondern auch auf Ihren eigenen Kopf! Selbst, wenn das Pferd nicht vorhat Sie zu beißen, könnte es Ihre Finger beim Kauen erwischen oder Sie durch eine heftige Ausweichbewegung mit seinem Kopf verletzen.

9. Füttern als Lernsituation

Ihr Pferd sollte beim Füttern von Heu, Kraftfutter oder Leckerli sowie beim Grasen stets höflich und freundlich sein. Angelegte Ohren und ein giftiger Blick in Ihre Richtung sind bereits eine Drohung, das Scharren über dem Futternapf ist Dominanzverhalten und zeigt, dass das Futter vom Pferd beansprucht wird. In der Herde entscheidet sich viel über die Rangfolge und somit auch über die Reihenfolge – zum Beispiel beim Fressen oder Trinken. Das stärkere Pferd hat zuerst Anspruch auf Wasser oder den saftigeren Grasbüschel. Es ist also durchaus sinnvoll, dass Sie entscheiden, wann von wem was gefressen wird. Denken Sie daran: Ihr Pferd wird entsprechend dieser Rangfolge auch in anderen Situationen handeln.

Verlockendes Gras

Auf einem Spaziergang oder beim einfachen Führen von A nach B entscheiden Sie, ob und wann Gras gefressen wird. Zieht das Pferd zwischendurch zum Wegesrand, korrigieren Sie es über ein

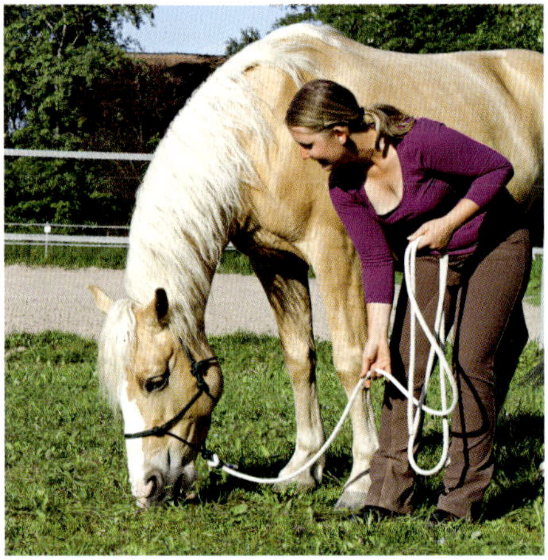

Weisen Sie dem Pferd am Halfter mit dem Strick vorsichtig den Weg nach unten und erlauben Sie ihm dann, zu fressen. „Hank" hat gelernt, entspannt auf die Hilfen von Steffi zu warten, denn er weiß, dass es am Ende immer eine Belohnung gibt – hier in Form des saftigen Grases.

Ermuntern zum Weitergehen mit Ihrer Energie, folgend auch mit Strick oder Gerte in Richtung der Hinterhand. Um die Aufmerksamkeit des Pferdes zurückzuerlangen sagen Sie seinen Namen und lassen in Verbindung die Hinterhand weichen, sodass es Sie ansieht (siehe *6. Aufmerksamkeit*). Gehen Sie dann gemeinsam weiter. Ein Wegziehen am Halfter ist meist nicht von Erfolg gekrönt, ein leichtes Zupfen und Nachlassen des Stricks nach oben hilft schon eher. Belohnen Sie das Pferd für längere Strecken ohne Fressen, indem Sie bewusst eine Grasfläche ansteuern, stehen bleiben, warten und dem Pferd dann durch Absenken des Kopfes mittels eines leichten Zuges am Strick nach unten erlauben, das Gras zu fressen.

Mein Pferd hat Hunger!

Das Verhalten der Pferde beim Füttern von Heu oder Kraftfutter in der Box oder auf dem Paddock ist oft von großer Unruhe geprägt. Versuchen Sie einmal, zu den Fütterungszeiten in Ihrem Stall zu sein und beobachten Sie Ihr Pferd und sein Verhalten gegenüber Artgenossen und dem Menschen dabei. Wenn möglich, geben Sie Ihrem Pferd das Futter so oft wie möglich selbst, denn dies ermöglicht nicht nur eine neue gemeinsame Übungssituation, sondern stärkt auch die Beziehung.

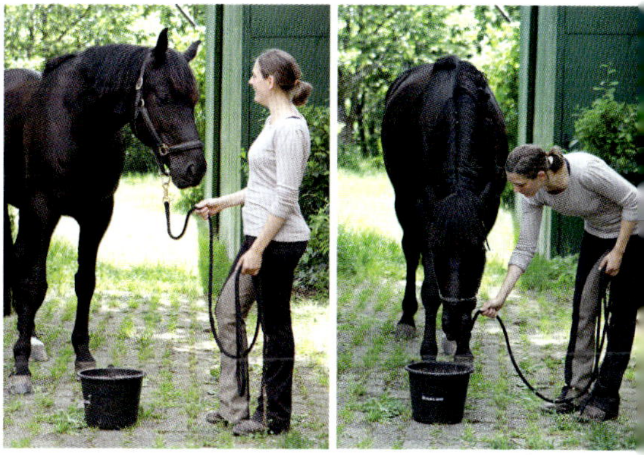

Geben Sie dem Pferd deutlich zu verstehen, wann es fressen darf – und lassen Sie ihm dann genügend Zeit, dies auch in Ruhe zu genießen!

Legen Sie gegebenenfalls erst einmal ein Halfter und einen Führstrick an. Bringen Sie das Pferd mit Hilfe von Rückwärtsrichten auf Abstand: etwa eine Armlänge – wenn Sie sich unwohl fühlen, kann es auch weiter sein. Lassen Sie es so lange in dieser, von Ihnen gewählten, Entfernung stehen, bis es ruhig wird, die Ohren nach vorn richtet und Sie freundlich ansieht. Dann fordern Sie es auf, zu Ihnen und dem Futter zu kommen. Legt es daraufhin wieder die Ohren an, lassen Sie es wieder zurückweichen und dort warten. Wenn Sie erreicht haben, dass das Pferd freundlich bei Ihnen steht und geduldig wartet, nehmen Sie das Halfter ab und lassen Sie es fressen.

10. Zeit

Wir wollen die Zeit mit dem Pferd oft effizient nutzen und möglichst viel tun. Die Leistungsgesellschaft in der wir leben, bringt uns bei, dass es gut ist, möglichst viel in wenig Zeit zu erreichen.

Eine wirkliche Beziehung mit dem Pferd beinhaltet jedoch nicht nur die Arbeit, sondern vor allem auch angenehme Tätigkeiten, die keinen Leistungsanspruch haben.

Man kann auf der Weide lesend sitzen und sein Pferd beobachten, einfach in der Nähe sein ohne arbeiten zu wollen oder es nur aus der Box holen, um „gemeinsam" Grasen zu gehen.

»Sei dir bewusst, dass du mit einem Verstand und einem Geist arbeitest. Viele Menschen denken, es sei nur ein Pferd, aber eine Seele lenkt dieses Pferd.«

Ray Hunt

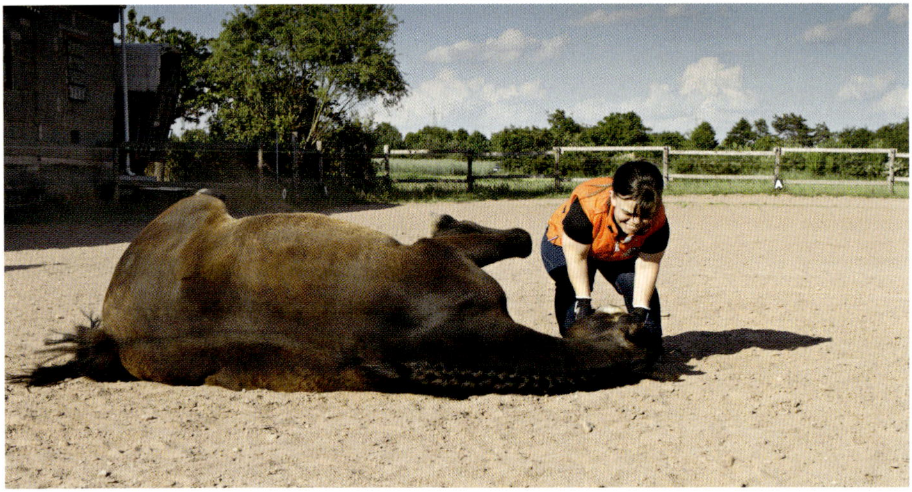

Einmal Wälzen und zurück bitte! Sorgen Sie für genügend gemeinsame Zeit ohne Anforderungen an Ihr Pferd.

Schlusswort

All die hier beschriebenen Übungen habe ich mit Anja und Juri durchgeführt. So lernten die beiden einander wirklich kennen, lernten einander zu verstehen und zu achten. Anja zweifelte keine Sekunde mehr daran, dass man auch als Erwachsener noch mit dem Reiten beginnen könne und beschloss, sich ein eigenes Pferd zu kaufen. Sie suchte in den Verkaufsanzeigen nach einem Pferd, das von Größe und Charakter sowohl für sie selbst als auch für ihre beiden Kinder passen würde, eines, das im Gelände, auf dem Dressurplatz und in der einen oder anderen Springstunde einsetzbar sein würde… Ich wunderte mich nur und sagte eines Tages zu ihr: „Warum in der Ferne suchen, wenn doch das Richtige längst vor dir steht?"

Ein paar Wochen später war der Kaufvertrag unterschrieben – für Juri natürlich. Denn Anja und Juri gehörten schon längst zusammen. Wir sind immer noch in Kontakt und ich sehe Juri und seine Familie regelmäßig. Er geht fröhlich im Gelände und mit Anjas Tochter im Dressur- und Springunterricht. Geritten wird er inzwischen in allen Gangarten ohne Zügel, auf ein Ausatmen hin hält er an, auf ein ermunterndes Schnalzen hin geht er los, ein Anlegen des Schenkels reicht zum Abwenden…

„Juri" gehört heute zur Familie und die feine Kommunikation zwischen ihm und Anjas Tochter Michelle lässt Reiterträume wahr werden.

Diese Geschichte zeigt, wie schnell sich eine Pferd-Mensch-Beziehung verbessern kann, wenn man nur den Blickwinkel ändert, wenn man einander wirklich verstehen will. Sie zeigt auch, welche Potenziale in Pferd und Mensch stecken. Pferde-Erziehung ist also in Wirklichkeit Kommunikation.

Kommunikation bedeutet, einander zu verstehen, sich mitzuteilen, was man möchte und was nicht. Verstehen bedeutet Verlässlichkeit. Verlässlichkeit schafft Vertrauen und Partnerschaft.

Literaturverzeichnis

Alfonso Aguilar: *Wie Pferde lernen wollen. Bodenarbeit, Erziehung, Reiten*. Franckh-Kosmos Verlags GmbH & Co.KG, Stuttgart, 2012

Gisa Bührer-Lucke: *Expedition Pferdekörper. Eine spannende Reise von Kopf bis Schweif*. Franckh-Kosmos Verlags GmbH & Co.KG, Stuttgart, 2010

Audrey Hasta Luego: *Magie der Freiheit. Mein Weg zu einer sanften Pferdeausbildung*. Wu Wei Verlag, Schondorf, 2013

Ray Hunt: *Think Harmony with Horses. An In-depth Study of Horse/Man Relationship*. Le Grand, California, 1978

Ingrid und Reiner Klimke: *Grundausbildung des jungen Reitpferdes. Dressur Đ Springen Đ Gelände*. 7. Auflage, Franckh-Kosmos Verlags GmbH & Co.KG, Stuttgart, 2012

Nicole Künzel/ Heidrun Hafen: *Alles Zirkus!? Motivation und Freude für Pferd & Mensch durch Zirkuslektionen*. Wu Wei Verlag, Schondorf, 2013

Nicole Künzel: *Eleganz im Damensattel. Der richtige Seitsitz für Einsteiger und Fortgeschrittene*. Cadmos Verlag, Schwarzenbek, 2010

Robert M. Miller, D.V.M/ Rick Lamb: *The Revolution in Horsemanship and what it means to Mankind*. The Lyons Press, Guilford, Connecticut, 2005

Nuno Oliveira: *Junge Pferde Junge Reiter*. Olms Verlag, Hildesheim, Zürich, New York, 1997

Karen Rohlf: *Dressage Naturally ... Results in Harmony*. Temenos Fields, Inc., Florida, 2007

Britta Schöffmann: *Lektionen richtig reiten. Übungen von A-Z zu den aktuellen Dressuraufgaben der FN*. Franckh-Kosmos Verlags GmbH & Co.KG, Stuttgart, 2012

Impressum

Copyright © 2014 by evipo Verlag, Nicole Künzel, Fuhrberg
Gestaltung und Satz: Designatelier Orterer
Titelfoto: Christian Schrod
Fotos Innenteil: Sophie Daum außer: S. 5, 28, 38, 39, 55, 56 Antje Wolff; S. 12, 67 Christian Schrod; S. 11 fotolia © Schumacher1971; S. 24 fotolia © IRstone, S. 19 Moira Walsh
Illustration Umschlag: fotolia © Rokfeier
Lektorat: Christa-Maria Ossapofsky
Druck: Finidr, s.r.o., Czech Republic

Die Deutsche Nationalbibliothek verzeichnet diese Publikation in der Deutschen Nationalbibliografie; detaillierte bibliografische Daten sind im Internet über http://dnb.ddb.de abrufbar.

Printed in Czech Republic, 2014

ISBN: 978-3-945417-03-4

Alle Methoden und Anregungen in diesem Buch wurden sorgfältig geprüft. Achtsamkeit ist dennoch bei der Umsetzung geboten. Verlag und Autor übernehmen keinerlei Haftung für Personen-, Sach- oder Vermögensschäden, die im Zusammenhang mit der Anwendung oder Umsetzung entstehen könnten.

Unser ***evipo Verlagsteam*** vereint Fachkompetenz, Engagement und Erfahrung!
Fachlich hochqualifiziertes und anspruchsvolles Wissen, unterhaltsame Anekdoten, ausgezeichnete Fotografien und Illustrationen, ein wunderbares Layout und eine ausgesuchte Druckqualität zeichnen all unsere Bücher aus, die ab Herbst 2014 im evipo Verlag erscheinen. Fachwissen kompakt bieten die Bände Unserer kleinen Reihe, die mit 72 Seiten praktisch für unterwegs sind. Große Fachbücher ab 96 Seiten werden sich ausführlicher mit verschiedenen Themen des feinen Reitens und der Zusammenarbeit mit Pferden auseinandersetzen.
Wunderschöne Bildbände mit faszinierenden Fotografien und anspruchsvollen kürzeren Texten runden das Angebot des evipo Verlages ab.

Bildband

Sinnbild einer Leidenschaft –
Der Lusitano im Spiegel unserer Reitkultur
von Dr. Birgit Vock-Wannewitz
80 Seiten, 21 x 26 cm,
Hardcover
ISBN: 978-3-945417-04-1
Preis: 24,80 €
Lieferbar ab Mai 2015

Fachbuch

Mit Kerstin Brein auf dem Weg zur Freiheit

von Nicole Künzel
ca. 96 Seiten, 27x23 cm, Hardcover
ISBN 978-3-945417-00-3, Preis: 29,90 €
Lieferbar ab Mai 2015

Unsere kleine Reihe

Die Kinderreitschule

von Marie Maßmann-Theveßen
72 Seiten,
15 x19 cm, Broschiert
ISBN 978-3-945417-04-01,
Preis: 10,95 €
Lieferbar ab März 2015

Gut gemacht!

von Marlitt Wendt
72 Seiten
15 x19 cm, Broschiert
ISBN 978-3-945417-01-0
Preis: 10,95 €

Vorhang auf!

von Andrea Schmitz
72 Seiten
15 x19 cm, Broschiert
ISBN 978-3-945417-02-7
Preis: 10,95 €